现代生态养殖系列丛书

果园山地散养土鸡

修订版

主　编：张　彬　何　俊
副主编：李丽立　肖定福
编　者：王升平　吴力专　范觉鑫
　　　　段叶辉　邢月腾　罗佳捷
　　　　胡今杰　郁元年

U0251071

CISK 湖南科学技术出版社

前　言

　　改革开放以来，国家对科学技术的重视使得我国养鸡业迅速崛起，鸡蛋总产量连续多年稳居世界第一，鸡肉总产量也在慢慢接近美国，甚至有超越之势。养鸡行业的飞速发展满足了人们对鸡肉消费的需求，在养鸡走向规模化、集约化道路上也有效解决了农村剩余劳动力的出路问题，不断指引贫困地区走向富裕。虽然我国养鸡业取得了瞩目成就，但是存在的问题亦不容小觑，诸如饲养员的专业水平较低，养殖户不重视环保，疫病复杂难以防控，饲养过程中过量使用抗生素和超标使用化学药物，因此导致产品的质量参差不齐，风味失真，蛋肉产品内部的药物超标、安全性差。这一缺陷也导致我国养鸡业在进行国际贸易时屡屡受挫。

　　随着我国经济的飞速发展，人们物质生活水平随着购买力的提升而提高，食品安全问题是人们在鸡产品消费过程中考虑的首要问题。尤其是在禽流感并不罕见的现今，健康的鸡产品是增强消费者对养鸡业信心的强心剂，果园山地生态养鸡的健康养殖方式是带领国内养鸡业脱离颓势的重要途径。生态养鸡充分利用农村闲置的庭院、农田、果园及山地，回归自然，节约场地成本。这些地方具有天然的优势，如丰富的生态食物、清新的空气、干净的水源，并且相对外界来说较为封闭，可以生产出营养丰富、风味优良和无污染无公害的产品。同时，通过将现代科学技术与传统养殖方法结合，因地制宜，规划出适合当地的养殖方式。

　　本书立足于土鸡的生态养殖，结合现代高效养殖技术，高效利用果园山地，充分发挥立体养殖和生态养殖的优势。全书分为八章，详细分析了生态养鸡的现状和发展前景，进行生态养殖，既迎合了社会发展需要，又满足了人们对生态产品的消费需求，因此书中以市场经济发展方向为指南，将生态养殖作为基本的要求，具体讲述了果园山地生态养鸡的经营模式，生态养殖条件下鸡种的选择，养殖场地的科学规划和设计，生态养殖过程中各环节的饲养管理方法，包括鸡各阶段的营养需求、饲养管理和防病治病技术，还分析了影响生态养鸡经济效益的各项因素，并指出了解决措施，以及经营管理中如何获得最大经济利益和走可持续发展道路。全书语言平实，内容全面，书中力求以通俗易懂的语言说清楚各个技术环节，同时也强调了现代科学养殖方法与传统方法的结合，可作为养殖初学者和专业技术人员的参考用书。

由于编者水平和经验有限，加之时间仓促，本书难免存在各种问题，希望读者提出宝贵意见。

编者

2019 年 6 月

目　录

第一章　概　述

　　果园山地散养土鸡是将传统方法和现代技术相结合，遵循生态学原理并以现代技术为指导，通过人工设计的养鸡模式，充分整合果园山地资源，使养鸡生产与环境和谐发展、完美结合，获得较大的综合效益。养殖过程中，养殖户根据各地区的特点，利用荒地、山地、果园、农闲地等进行规模养鸡，实行放养与舍养齐头并进的模式，让鸡在果园、林地间自由采食饮水，摄取生态环境中的营养物质，尽可能降低化学药品与饲料的使用量，这样可以大大改善鸡肉的风味，生产出风味鲜美、安全放心的生态鸡产品。果园山地散养土鸡具有很多明显的优势，例如成本低，投入少，经济效益高，很适合于湖南地区，特别是湘南、湘西等丘陵山地较多的地区的养殖户采用。

一、果园山地散养土鸡的特点

（一）感染疾病的风险降低

　　改革开放以来，室内养鸡技术的飞速发展使鸡肉与鸡蛋在数量和质量上都得到了极大的提升，但是由于环境因素的影响，例如空气质量不好、光照条件差、鸡群饲养密度过大等，导致鸡群免疫机能下降，容易发生疾病。在这种情况下，养殖户通常会大量使用药品、疫苗和各类添加剂，这使得养鸡产品的安全卫生问题和养鸡的经济效益越来越低等问题接踵而至，而果园山地散养土鸡却与室内养鸡有天壤之别，鸡活动于室外，有空气清新、运动充分、鸡群密度低等优势，且在偏远的山区，与外界很少发生交流，这样充分保证了生态养鸡的安全性。

（二）投资少、风险低，经济效益高

果园山地散养土鸡无需大规模建造笼具和室内大棚，养鸡规模从几十只到几千只不等，尤其适合于山区或者一些生态环境较好的欠发达地区。鸡的主要食物为果园山地之中的嫩草或者昆虫，根据实际情况补充比较缺乏的营养物质即可，从而节省饲料成本。这种生态养鸡的一大特点就是生产成本低，而市场的售价却比室内的养鸡产品高很多，经济效益明显，有利于在山区推广。

（三）节约土地资源

果园山地散养土鸡充分采纳了传统的养鸡方法，只需构造简单的鸡舍，鸡舍的构造成本低，同时在果园山地中利用空闲地实施立体养殖，无需占用太多的土地资源，也提高了土地的综合利用效率，对于农村等欠发达地区在保护和合理利用土地资源方面有着重大而深远的意义。

（四）降低环境污染

果园山地散养土鸡远离人们的生活区并且饲养密度低，鸡的排泄物可被果园山地中的植物所充分吸收，循环利用，既可以使土地肥沃，也可以改善环境，从而间接地提高了果园山地的林业经济效益。果园生态养鸡可以降低有害昆虫数量，减少农药的使用量，既保证了果品安全，又减少了环境污染；生态养鸡本身对鸡使用的兽药量也随之减少，保证了养鸡产品安全性，降低了环境污染程度，这也是鸡的适应性与生存能力强的原因之一。

（五）节约粮食

果园山地散养土鸡中鸡的食物是以生态环境中的草与虫为主，而补加的食物为辅，节约了精料，较好地解决了"人畜争粮"的问题。果园、山地中的食物资源非常丰富。如果每只鸡节约1.5千克粮食，按照每年出栏2000万只来统计，每年可以节约3万吨粮食，等于增加耕地2670公顷。

二、果园山地散养土鸡的意义

随着社会进步和经济水平不断提高，人们对物质生活品质的需求日益加强，食品安全问题的形势逐渐严峻，如何生产优良美味的产品是畜禽业一项重要议题，也是消费者们最关心的问题。客观地讲，果园山地散养土鸡的重要性日益显著是社会发展的必要趋势。总体来说，果园山地散养土鸡有如下重要意义：首先，果园山地散养土鸡有传统养鸡方法作为基础，并利用科学的养殖技术作为重要支撑，保证了鸡肉的优良品质，保障了消费者的权益。生态养鸡的产品未使用违禁药品，户外养殖使鸡肉品质鲜美可口，既保证了安全性，又提供了味觉享受。其次，果园山地散养土鸡是经济结构战略性调整的具体表现。果园山地散养土鸡吸收了现代养鸡技术的精华且结合传统的养鸡文化，使养殖户获得丰厚的利润，在生态养鸡规模慢慢扩大的同时，又给当地群众提供了更多就业岗位，合理分配当地剩余劳动力，促进当地经济的发展。最后，果园山地散养土鸡是科学发展观在畜禽领域的应用与升华，果园生态养鸡充分利用土地资源，消耗少量投资，走的是环境友好型和资源节约型道路。生态养鸡讲究的就是合理利用自然环境提高经济发展速度，要实现发展速度和结构质量效益统一、经济发展与人口资源环境相协调，使人们在良好生态环境中生产生活，最终实现经济持续平稳发展。

三、果园山地散养土鸡产品的特点

果园山地散养土鸡之所以比室内规模养鸡有着更大的经济效益，在于生态养鸡有其鲜明的特点。生态鸡抵抗力强、用药少，这足以保证生态养鸡产品的安全性，生产出来的鸡肉、鸡蛋都是安全有机绿色的生态食品，让消费者吃得放心，觉得即使价格比普通产品高，也是物超所值；生态养鸡的过程中，食物来自果园、山地等资源丰富的生态环境中，并且由于生态鸡运动量足够，促使鸡肉内肌内脂肪、肌间脂肪、肌苷酸、谷氨酸钠、牛磺酸的含量丰富，肉质细嫩、味道鲜美，鸡蛋营养物质含量高，口感与本地鸡大致相同。由于生态养鸡产品有上述特点，导致生态养鸡产品在市场售价高，利润大。

四、果园山地散养土鸡的生产现状

现代肉鸡养殖在我国起步较晚，始于 20 世纪 80 年代中期。90 年代以前，我国的养鸡业水平与畜禽业发达国家相比还有非常大的差距，主要表现在产量低、经济效益低、饲料使用量高等。进入 90 年代后，我国的家禽养殖业利用科学技术作为有力武器才得以迅速发展，目前我国的养鸡行业在全球已经占据很重要的地位。

纵向来看，我国养鸡业虽然产量和质量较以前有所提高，但是与全球的发达畜禽业国家横向比较来看，我国的养鸡行业仍然还有很多不足和亟待解决的问题。当前，我国肉鸡养殖的底子不够牢实，鸡的重要经济性状，诸如生长速度、上市日龄、上市体重、料肉比等指标较国外而言还相当落后。按照国内的消费需求，企业通常将国外引入的鸡种变成"速成型"肉鸡，这些养殖方式所得的产品不适合国人的饮食习惯，从而这些产品主要用于出口。而国内消费者青睐的都是一些具有地方特色的优质鸡品种，或者引进品种与优质品种杂交选育的后代。研究表明，我国地方鸡种的肉质较国外品种而言有很明显的特点，特别是蛋白质和氨基酸含量较高，有些还具有药用价值，可以作滋补品。

由于果园山地散养土鸡有很多室内养鸡没有的特点和巨大生态效应，这一养殖方法在很多地区都得到响应和积极地推广。以怀化市为例，果园山地散养土鸡在政府的大力扶持下，制定了许多发展的优惠政策，成立了技术攻关小组，认真总结在养殖实践过程中的技术与经验，在怀化地区加以推广和宣传，各部门积极协调配合，并且政府还鼓励企业参与，对养殖户进行技术培训。

总而言之,果园山地散养土鸡已经逐渐引起养殖户和消费者的重视。虽然还有很多缺点,但是在市场效益巨大的动力下,必然能飞速发展。

五、果园山地散养土鸡的发展前景

随着生活水平的提高与社会进步,果园山地散养土鸡会因为其产品优势而受到消费者青睐。现代生活追求的是绿色、无公害且美味,生态养鸡产品符合现代消费需求的一系列特征,因此果园山地散养土鸡是未来发展的一个重要趋势。

由于大量农村劳动力涌入城市,并且在室内快速养鸡的一度冲击下,欠发达地区的土鸡饲养量一度骤减。而吃土鸡蛋、喝土鸡汤一直是中华民族饮食习惯的重要组成部分,在市场的杠杆作用下,土鸡产量一直处于供不应求的状态。即使现在人们已经意识到生态养鸡蕴含的巨大商机,但是其规模的发展还处于初始阶段。技术的不完善、规模小等特点,使果园山地散养土鸡还有非常大的发展空间,可以说,养殖户在今后相当长的一段时间内还大有可为。

随着人们生活水平的提高,关注生态环境和食品安全已经进入了人们的视线。我们国家以“科学发展观”作为21世纪的重要思想武器,阐述了人与环境和谐共同发展的重要性。果园山地散养土鸡充分利用生态环境中的资源,在养殖过程中改善了其所在的生态环境系统,维持了生态系统内的生态平衡,推出了可持续发展的养殖模式。

第二章　果园山地散养土鸡
应具备的条件

　　前一章讲述了果园山地散养土鸡的特点、现状、发展方向，通过系统的阐述使读者对果园山地散养土鸡有初步的认识，意识到果园山地散养土鸡在很长一段时间内还大有可为。而本章通过重点分析果园山地散养土鸡的可行性，提出了对养殖场地的基本要求，介绍了生态养殖经验和技术，使读者对果园山地散养土鸡有进一步的了解。

一、果园山地散养土鸡可行性调查

（一）生态养殖起点低

　　1. 生活环境要求低：果园山地散养土鸡主要特点在于将传统方法与现代科学技术相结合，从而区别于室内养鸡。生态养鸡一般远离人口密集的城镇，因此土地规划的空间比较大，养殖户可以因地制宜，规划出用于生态养鸡的场地。果园山地散养土鸡的硬件条件也相对简单，例如鸡舍就可以简易构造，这是区别于室内养鸡的一大重要特点。

　　2. 经验与技术指导丰富：果园山地散养土鸡的发展还处于起步阶段，但专家在生态养鸡的实践中作出了不少研究成果。生态养鸡与传统养鸡有一定的共性，因此对于养殖户而言，生态养鸡并不陌生。在专家撰写的一系列生态养鸡文章中又不乏如何利用现代科学技术高效养殖等方法，因此在技术和经验上并不是摸索阶段，而是利用现有研究成果来指导实践生产。

　　3. 鸡品种的可选性高：众所周知，我国是生物资源大国，生态资源多样性在全球首屈一指。我国畜禽业的各地方品种也让养殖户在选择的时候不好判断，养殖户依据市场需求与当地自然环境，可以选择出最佳鸡种来进行果园山地散养。

（二）可观的经济效益和优惠政策

果园山地散养土鸡可行的另一重要原因在于其可观的经济效益。

首先，我们从直接经济利益分析：在信息化高度发达的今天，人们对食品安全的关注度日益增加。从过去的鸡蛋内含苏丹红到今天一些洋快餐店大量使用"速成鸡"，这些"惊心动魄"的举动使消费者对鸡肉安全产生了疑虑，这也导致了鸡肉生产及其附带产业的萎靡，而生态养鸡无疑是养鸡行业重振旗鼓的一条康庄大道，科学的管理、低碳环保的饲养方式等特点以及中华民族对土鸡饮食文化的热情决定了果园山地散养土鸡具有可行性，这是市场的刚性需求。根据最新的调查，在南昌，白羽鸡与洋鸡受到"速成鸡"的影响，其价格应声走跌，土鸡的价格却一路飙升，涨幅达 20% 以上。调查人员还发现，在南昌某些市场内一些土鸡的价格达到每千克 48元以上，而洋鸡价格从每千克 10 元降至每千克 8 元，白羽鸡已无影无踪。土鸡虽然价格高却供不应求。从价格走势与现在的食品安全形势来分析，果园山地散养土鸡具有高度可行性。

其次，果园山地散养土鸡间接促进了林业的发展。根据果园山地生态的定义及饲养管理方法可知，生态养鸡必然与林业有着直接或间接的联系。以果园为例：养殖过程中，鸡可以除虫，排泄物也可以作为肥料，使果树及相关产品的农药使用量递减，增强了蔬菜水果产品的安全性及可靠性，这样所带来的间接经济效益也是不可忽略的。

最后，政府的大力支持是果园山地散养土鸡的重要动力。中央文件就明确提出了鼓励"家庭农庄"的养殖模式。以湖南省怀化市为例，怀化市政府为发展畜牧业提供了优惠政策：政府出资修建养殖场道路，并架设输电线路，还给予一定的补贴用于养殖场基础设施建设，从县到村，各级加以高度重视，相关部门积极配合促进该产业发展；成立以畜牧部门为主的技术小组，致力于研究与相应地区适应的养殖技术并加以推广。政府鼓励所有单位与个人参与，共同带动社会经济和产业的发展。

二、对放养场地的要求

放养场地的选择要考虑鸡的养殖需要，如是否方便饲养管理、是否有防疫屏障等，也要顾及售出的渠道是否便利等因素，因此必须根据各种因素的重要程度加以整合来进行选址。首先，所选的场址必须有相对较高的地势、湿度不宜过大，这样可以避免引起潮湿或者积水导致各种病菌滋生，影响鸡的健康；场址应该选择背风向阳的山坡面，避免被风直接吹。这样在冬天也可以让鸡群享受充足的阳光，避免因为冷空气入侵使鸡群染病，且对鸡的生长发育，尤其是蛋鸡的养殖更为有利；场址要有充足的水源，水是生命之源，保证优质充足的水源是高效优质养殖的前提；无论在果园还是在山地，树木、草丛不宜过高和过密，避免鸡群没有充足的光照；选择的场地的生物多样性没有被破坏，生态养鸡的主要场所在自然环境中，鸡的食物很大程度来自生态环境中，所以应保证果园、山地中的生物多样性能提供给鸡更为丰富的野生食物；不将场址设在易发生或者有潜在可能发生自然灾害的地区。还应避开蛇、黄鼠狼和狐狸等天敌频繁出没之处。

选择放养场地还要考虑经济问题，放养场地不能离居民区太近，因为养殖过程中的废弃物或者气味容易对居民生活造成影响；同时，要有便利的交通，使生态养鸡产品可以以更快的速度和更低的运输成本流通至市场；最后要保证场地能顺利通水通电等，虽然生态养鸡更多的是利用自然环境来提升鸡的质量，但是结合一定的人工饲喂和科学技术也是有必要的，所以应保证供电以备不时之需。

三、果园山地种类及特点

（一）山地种类及特点

1. 定义

散养土鸡通常选用丘陵地带为好，丘陵属地理学名词，是指高低起伏，坡度较缓，连绵不断的低矮隆起高地。海拔高度在 500 米以下，相对起伏在 200 米以下。由各种岩类组成的坡面组合体，是山地久经浸蚀的产物。山地指海拔 500 米以上，起伏较大的地貌。

2. 特点

湖南的丘陵山地是由一系列北东—南西走向的雁行式排列的中山、低山和位于其间的一系列丘陵盆地组成。平均海拔 500～1000 米，高峰可超过 1500 米。主要山地有雪峰山、幕阜山、九岭山、武功山、九华山、黄山、怀玉山等。盆地主要由红色砂页岩或石灰岩组成，海拔 100～400 米，规模较大的有湘潭盆地、衡阳—攸县盆地、吉（安）泰（和）盆地、金（华）衢（县）盆地等。本区属典型的亚热带景观，夏季高温，年降水量 1200～1900 毫米。天然植被为典型的亚热带常绿阔叶林，地带性土壤是红壤和黄壤。这里是重要的农业生产基地，除水稻外，棉花、苎麻、甘薯、经济林木的油茶、油桐、乌桕、茶以及柑橘等，都占有重要地位。

（二）果园种类及特点

1. 专业化商品生产果园

专门生产商业果品的果园以供应优质果品、获得最大经济效益为目的。所栽果树必须栽在最适宜区内，选择最优良的品种。大面积生产时，应配有相应的生产设施和机具，完善的包装、运输贮存、加工和信息服务等职能机构。

2. 庭院式及观光性质的果园

家庭庭院和观光果园多数在城郊和居民点附近，这类果园以服务城市、公园、建筑物的布局为前提，应栽种不同花期、不同成熟期、观赏和食用兼用的树种、品种，使周围花果相连，美化环境。

3. 间作型果园

间作型果园指果树间作其他作物的果园，如果粮间作、果菜间作、果瓜间作及果药间作等。这种形式的果园在人多地少的地区较为普遍。一般果树行距较大，间作物较低矮，可以充分利用日光，取得较好的立体生态经济效益。有些地方利用梯田边缘种植葡萄，让其自然垂挂，可以充分利用太阳光能，且梯田壁的昼夜温差较大，有利于浆果品质的提高，在取得经济效益的同时，又可以使葡萄的枝叶覆盖保护梯田壁，减少梯田的水分蒸发量，有益于梯田面上种植的庄稼。

4. 平地果园

平地果园指地形坡度较小的冲积、风积和河滩地果园，如黄河故道、黄泛区以及其他河流沿岸的果园，土壤有机质含量较低（0.5%以下）、营养比例失调，N、P奇缺，种植农作物产量也较低。有的地方还存在着"风起沙移"的现象，起沙处果树露根，萌蘖丛生，落沙处埋没树干，树体偏冠。春天开花季节，往往风沙大起，影响正常的开花坐果，必须设置防护林带，防风固沙；移淤压沙，增施有机肥和补充微量元素以改良土壤是行之有效的措施。平地果园，在同一地区的气候条件差异不大。地势平坦有利于机械化管理，生产资料和产品的运输也十分方便。但在通风、光照、昼夜温差、控排水方面不如山地，因此果品的质量（着色、含糖量、耐贮性）一般较山地差。

5. 山地与丘陵果园

习惯上将坡度在10°以上的称为山地果园，坡度在20°～30°的山坡一般种植根深、抗旱性强的仁用杏、板栗或核桃，30°以上的山地不宜建园。

①山地果园特点

山地的气候受海拔高度的影响，如海拔每升高 100 米，气温下降 0.4℃～0.6℃。原则上应将温度要求较高的果树安排在海拔较低处，而喜冷凉的果树，可在海拔较高处建园。北方落叶果树中需温较高的树种有桃、砂梨、枣、核桃、柿、板栗、石榴、无花果，而需温较低的果树为苹果、梨、山楂、杏、李、樱桃、猕猴桃、树莓、醋栗、榛子。

②丘陵地果园特点

丘陵地虽无山地那种树种垂直分布的特征，但仍有起伏高低的地势，出现土层厚薄不一的情况，气候也会受到坡向的影响。如向阳坡（南坡）光照强，日照的时间也长，日夜温差大，果实品质好，但容易发生晚霜冻害及日灼，地面蒸发量大，植物蒸腾作用旺盛，失水多，容易发生干旱。北坡（阴坡）则相反，日照时间短，空气比较湿润，土层厚于南坡，果树生长较旺盛，但果实品质不如南坡。东坡和西坡的情况介于南坡和北坡之间。山谷阴湿，日照时间短，但昼夜温差大，冷空气下沉，容易发生霜害和冻害。

③山地丘陵地建园

山地、丘陵地建园时，应特别强调防护林营造，改土和水土保持工程，栽培管理中施行深翻扩穴、客换好土、地面覆盖，使土层厚度达 1 米左右，才能保证山楂、杏、苹果、梨、桃、核桃、柿、板栗、樱桃等果树正常生长结果。甜樱桃应栽在避风、空气湿度较高的地方。

6.盐碱地果园

盐碱地上建立的果园称之为盐碱地果园。

地势低洼的地方及河流两侧往往会出现盐碱地，土壤黏性，通气性差，土壤肥力常因土壤黏性出现生理干旱，或因 pH 值增高使某些营养元素不能被植物利用，果树易得缺素症。

在轻度盐碱（含盐量小于 0.1%）透气性较好又不易受淹的地方，除喜酸性土壤的板栗外，还可栽各种果树，其中当以梨、枣、杏、桃较宜。同时要注意选用抗涝和耐盐碱的砧木。盐碱地建园前可先种植耐盐的绿肥作物（如田菁）、作台田和覆草，可减轻盐的危害。

7. 城镇郊区四旁果园

城镇郊区交通方便、人口集中、消费量大、人均耕地面积小，但农田设施较好，肥水充足。按照郊区为城市服务的方针，可以发展多种果树，尤其是不与西瓜争夺市场的、不耐贮运的、以鲜食为主的多种小水果，如樱桃、草莓、水蜜桃、鲜食葡萄等。进行矮化密植，实行工厂化生产。或按城市规划，建立观光果园。在"四旁"空隙地，可以栽种多种果品。不仅可以绿化、美化、净化居住环境，还可以品尝到最新鲜的果品，自给有余时，可作为商品果的补充。也可以组织四旁果园进行商品果生产。选好树种和品种，进行科学配置，是提高经济效益的关键。

四、养殖经验和技术要求

果园山地散养土鸡最终目的为以较低成本追求最大的利益，因此在养殖过程中，养殖户必须抓住每个过程的细节，从品种选择到棚舍建设，再到养殖管理等，具体问题具体分析，充分利用所拥有的资源，达到既降低成本又增加经济效益的目的。本节从各个环节来粗略分析应该注意的重点。

（一）品种选择

山地养鸡的养殖特点是室外放养，品种必须具备适宜室外放养、抵抗力强等特点，尽可能选择土鸡或者土鸡与其他品种杂交的配套系，比如雪峰乌骨鸡、湘黄鸡、桃源鸡、三黄鸡、广西鸡、江西白耳黄鸡等品种。这些鸡的共同特点就是耐粗饲、抵抗力强，并且肉质鲜美、价格高、市场需求大，养殖户可将其作为山地饲养的首选考虑对象。

（二）棚舍搭建

1. 场址选择

场址选择应具备的基本特点：交通便利，便于产品销往市场，减少交通运输带来的成本；便于防疫，尽可能减少由疾病带来的养殖风险；有一定的遮阳避雨的设备，以防天气突变引起鸡群疾病；干净的水源，水源是保证健康养殖的根本；避风向阳，地势相对平坦，以不积水为基本要求。

2. 棚舍建设

果园山地散养土鸡的鸡舍构造要求没有室内养鸡的要求高，遵循通风干燥、冬暖夏凉、阳光充足、防逃、防天敌等原则即可。一般来说，棚舍宽 4～5 米，长 7～9 米，中间高度 1.7～1.8 米，两侧高 0.7～0.9 米，可以用油毡、稻草、薄膜等物品由内向外搭盖三层盖顶，有防水保温的作用。在棚舍顶端的两侧及一头用硬物把顶盖压住，另一端开口作为棚舍进出的地方，以方便饲养员清理和鸡群进出管理。

3. 清舍消毒

每批鸡出栏以后，应该对其所在的鸡舍进行清洗，不仅要更换清洗工具，还要更新表层土壤。对鸡舍内环境和清洁工具的消毒方法是先用来苏儿水溶液（3%～5%）进行喷雾和浸泡，然后再进行熏蒸消毒。如果条件允许，养殖户可以将果林山地中饲养过鸡的区域的地面铺撒石灰石后进行喷洒消毒。

（三）饲料选择

果园山地散养土鸡过程中，鸡的主要食物为自然环境中的饲草与虫类。由于鸡的品种为土鸡或其杂交后代，因此对饲料的需求量不大。但是养殖户也不能疏忽，在养鸡过程中若不适时补充一定的营养，可能造成营养物质缺乏而使生长发育滞后、成活率降低。同时为了节约成本，可以利用玉米、稻谷、米糠、南瓜等农作物作为食物进入饲料。

（四）雏鸡的饲养管理

1. 饮水与开食

雏鸡进入育雏室 30 分钟到 1 小时即可喂水，水温不宜偏低，30℃左右。在最开始两天可以饮用浓度较稀的高锰酸钾溶液，便于杀菌消毒和预防雏鸡白痢。雏鸡饮水的好处在于能迅速排出胎粪、刺激食欲，在饮水后不久便可以开食。采食过程中可以将食物撒开，让雏鸡自由采食，食物必须易消化、营养搭配合理以照顾雏鸡不完善的消化能力。饲喂过程中，以定时按量饲喂，不需要过饱且让雏鸡吃完为宜。

2. 环境温湿度

温度在育雏过程中起着至关重要的作用。按阶段来控制温度分为如下阶段：1～2 日龄控制在 34℃～35℃，3～7 日龄温度控制在 32℃～34℃，相对湿度控制在 70%～75%；第二周温度控制在 28℃～30℃，相对湿度控制在 60%左右；第三周温度控制在 26℃～28℃，相对湿度控制在 55%～60%的水平；第四周可逐步脱温，除异常天气外，可不用特别加温。

3. 分群管理

养殖过程中要将雏鸡按其生长强弱来分群饲养，病鸡要进行隔离，若是患病过于严重应该立即淘汰。要对雏鸡多进行观察，这样可以了解饲料的正确投入量，也可以了解鸡群的健康状况，避免损失。

（五）放养技术

1. 鸡的驯养

雏鸡第四周以后脱温便可以转移至山地放养。利用特定的方法来建立鸡的条件反射，如利用哨声、敲竹杠发声等方式，让鸡听见特定的声音来辨别回舍、采食等信号。利用条件反射来召唤鸡群，保证全天放养，易于管理。

2. 放养密度

放养的最佳季节一般在 4~10 月，此时温度不至于过低，且风力不强，还有充足的光照，利于鸡的生长发育。四周后的放养密度按每亩林间草地每批放养 100~200 只为宜，专人看护，上午每隔1.5 小时唤鸡饮水 1 次；下午 2 小时唤鸡饮水 1 次，晚上要补料。3月龄的鸡一般整天在草地放养，密度按每亩林间草地每批放养300~500 只为宜，2 小时唤鸡饮水 1 次，或少给点饲料，以防丢失。最好在放牧地设水槽或水池让鸡群自由饮水。

（六）疾病的控防

在疾病的控防中，必须树立"养重于防、防重于治"的观念，避免亡羊补牢，便于降低鸡发病率、饲养成本，提高效益；及时给鸡接种疫苗，根据实际情况来确定免疫程序。在调控过程中，要统筹兼顾，各个环节都需要严格按要求进行，这是生态养鸡走向规模化、集约化的前提。

第三章　果园山地散养土鸡品种选择与杂交配套系利用

一、鸡的品种分类

(一) 蛋用型鸡

蛋用型鸡以产蛋为主要用途，有着躯体较长、后躯发达、皮薄骨头细、肌肉结实、羽毛紧密、鸡冠发达、活泼好动等特点。开产时间较早，在小鸡长至 6 个月后即可开始产蛋，且产蛋量多。蛋鸡一般不抱窝，抗病能力差，肉质差，蛋壳也比较薄。蛋用型鸡包括外来蛋鸡品种和地方蛋鸡品种。蛋用型鸡又可根据蛋壳颜色，大致分为如下类型：

1. 白壳蛋鸡

白壳蛋鸡是以白莱航品种为基础育成，是蛋用鸡的典型代表。白壳蛋鸡是国内外饲养数量最多的类型，具有产蛋量高、产蛋早、饲料报酬高、无就巢性等特点；同时，该鸡产蛋的蛋重小，敏感，应激性差、啄癖多。

代表品种有北京白鸡、哈尔滨白鸡、星杂 288、海赛克斯白、尼克鸡、罗白鸡、迪卡白鸡等。

2. 褐壳蛋鸡

褐壳蛋鸡具有产蛋蛋重大、蛋坚固、体形大，蛋鸡性情温驯，适应性好等优点；但是，褐壳蛋鸡的采食量大，占地面积需要量大，且需要较强的技术手段，产蛋量较白壳蛋鸡而言较少。

代表品种有伊莎褐、罗曼褐、海赛克斯褐、北京红鸡、罗斯褐、海蓝褐、农大褐等。

3. 粉壳蛋鸡

粉壳蛋鸡本质上属于褐壳蛋鸡，由洛岛红品种与白莱航品种间杂交培育而成，其颜色呈浅褐色，根据国内消费者习惯称之为粉壳蛋鸡。粉壳蛋鸡羽毛以白色为主，间有黄、黑、灰等杂色羽斑，这一点区别于褐壳蛋鸡。

代表品种有星杂 444、农昌 2 号、B-4 鸡、新型 B-4 鸡、京白 939、奥赛克鸡等。

（二）肉用型鸡

肉用型鸡以提供肉产品为主，肉用型鸡体形大，躯体宽而短，肌肉发达，特别是胸部。鸡冠较小、颈短而粗、腿短骨粗，外形呈筒状，羽毛蓬松，性情温驯，动作迟钝，生长迅速，容易肥育。但寻食能力较差，成熟晚，产蛋量低。如伊莎鸡、艾维茵肉鸡。

（三）兼用型鸡

兼用型鸡的性能介于肉用型与蛋用型鸡之间，肉质口感好，产蛋量较大。产蛋能力下降的时候，还有很高的肉用经济价值。这种鸡体质强壮、性格温驯、觅食能力强，具有一定的抱窝性，例如新汉县鸡。

（四）专用型鸡

专用型鸡是具有特殊性能的鸡，无固定的特性特征，一般是根据特殊用途和特殊经济性能选育或野生驯化而成的，如尼克红。

二、果园山地散养土鸡对鸡品种的要求

果园山地生态养鸡是以放养为主、舍养为辅的一种饲养方式。由于环境比较接近自然，在此基础上根据鸡对环境的要求低、适应性强、抗病力高、耐粗饲、觅食能力强等特点，建议养殖户优先选择土鸡或土鸡杂交培育出来的配套系。在选择鸡品种的过程中，不仅仅要考虑生态环境因素，还要考虑到经济效益这一重要因素，需

要依据市场需求做出正确的品种选择，尽量选择符合消费者喜好的品种。

（一）适应性强、行动敏捷

放养鸡的环境比笼养鸡的生存环境差很多，放养鸡不仅仅在生态环境中要自行觅食，还要能够躲避老鼠、蛇等自然界生物的侵扰。所以鸡只必须耐粗放、行动灵活、觅食能力强。

（二）抗逆性与抗病力强

果园山地养鸡在自然环境下，气候变化无常，如果鸡体质差，会出现各种各样的疾病，尤其是呼吸道疾病，鸡感染疾病后会导致生产性能下降，直接降低经济效益。在选择鸡品种的时候，要选择自身免疫能力强、抗体水平高，能抵御一定的病毒侵害的鸡只。在生态养鸡过程中所选的鸡品种必须具有高抗逆性和高抗病力等特点。

（三）生产性能优良

果园山地养鸡生产的都是无公害产品，饲养时间长，其他生产成本也比普通肉鸡高，只有通过提高鸡的产肉性能与产蛋性能才能取得更好的经济效益。

（四）符合市场需求

选择消费者喜爱的蛋鸡或者肉鸡来生产，会带来更好的效果和广阔的市场。例如，在湖南省怀化市雪峰山脉的附近地区选择养殖雪峰乌骨鸡，雪峰乌骨鸡已经被认定为重要的畜禽遗传资源，它适应了当地的环境，而且在怀化以及周边地区有丰富的市场，根据访问当地养殖户得知，雪峰乌骨鸡处于供不应求的状态，公鸡与母鸡价格分别可以卖到每千克 64 元和每千克 90 元。结合当地养殖市场需求选择适应当地养殖的鸡品种可以带来巨大的经济效益。

三、适合放养的地方鸡品种和育成鸡品种

（一）湘黄鸡

湘黄鸡，又叫黄郎鸡。该鸡属于肉蛋兼用型品种，是湖南省的优良地方品种，是该地区劳动人民多年选育而成的。湘黄鸡以毛黄、嘴黄、脚黄为主要外形标志，其肉质鲜美可口、营养丰富、有极高的药用价值，1979 年被国家外贸部评为"名贵项鸡"。

1. 产地环境

湘黄鸡产地在湖南省衡阳市，以衡阳市为中心，主要分布于衡东、衡山、衡南三县交界的双林、泉溪、真塘等地，以及永兴县的大布江、七甲、千冲等地，周边的永州、郴州、长沙、邵阳等地亦有分布。

湘黄鸡的产地在地理位置上，地处东经 108°47′～114°15′，北纬 24°38′～30°08′，属于亚热带季风气候区，阳光充足，气候温暖，降雨量充沛、雨热同期，气候条件适宜。湖南年平均气温在 16℃～18℃，冬季较为寒冷、春季温暖、夏季炎热、秋季凉爽，四季分明。这种环境适宜畜禽养殖、植物生长。特别在鸡种养殖这方面占了很大的优势。湘黄鸡现在的主产地已经北移，以湘江中游的衡阳、湘潭出产为盛。

2. 体貌特征

湘黄鸡个体较小，体躯较短，呈椭圆形。喙大部分为黄色，少数亦呈青色。单冠直立，冠齿 5～7 个，冠、肉髯、耳叶为红色。虹彩为橘黄色。皮肤为黄色。胫大部分为黄色，少数为青色。

公鸡羽毛的光泽鲜艳，有金黄色和淡黄色两种，有部分公鸡的主尾羽间有黑色羽毛；母鸡全身羽毛颜色分为黄色或者淡黄色。部分母鸡的主翼羽和主尾羽含有黑色羽毛，雏鸡绒毛为浅黄色。

3. 生长性能与产肉性能

湘黄鸡的羽毛生长速度很快，出壳第 4 天翼羽开始生长，20 天

开始长尾羽，38 天左右长齐了 90%。同时湘黄鸡也有着优良的生长发育性能（表 3 - 1）。

表 3 - 1　湘黄鸡的生长性能与产肉性能

性能	公	母
平均出生重	31 克	
30 日龄体重	181 克	
60 日龄体重	418 克	393 克
90 日龄体重	760 克	677 克
120 日龄体重	1170 克	946 克
成年体重	1460 克	1280 克
平均半净膛屠宰率	81.78%	77.89%
平均全净膛屠宰率	74.4%	67.34%

4. 产蛋性能与繁殖性能

母鸡的平均开产日龄为 170 天。500 日龄平均产蛋量为 125 枚，年平均产蛋量 161 枚，平均蛋重 41 克，蛋壳平均厚度为 0.39 毫米，蛋形指数平均为 1.33，蛋壳的颜色呈浅褐色。公鸡于 80～100 天达到性成熟，公母配种比例为 1：15。种蛋平均受精率为 84.5%，受精蛋的平均孵化率为 88%。母鸡第一年的就巢率非常低，第二年就巢率可达 15%～20%，有部分鸡 1 年就巢 1 次，有少数就巢 2 次，就巢期持续时间为 15～20 天，公母鸡的使用年限为 1～2 年。

5. 经济价值

湘黄鸡有非常高的药用价值，可以补虚损、健脾胃、强筋骨、调经血、止白带，是治疗妇科病的良药。久病体虚者和产妇炖食湘黄鸡，尤有滋补、强身健体、促进体力恢复的功效。湘黄鸡还是一些民间验方的主药，颇为灵验。比如：用母鸡加天麻清蒸服食，可治头晕病；母鸡加沙参清蒸食用，治肺结核有一定的疗效。

（二）桃源鸡

桃源鸡，别名三阳大种鸡，属肉蛋兼用型地方鸡品种。原产于桃源县境内，中心产区在桃源县中部的三阳港、佘家坪、泥窝潭、深水港、漆河等乡镇，以三阳港所产最为标准。常德其他县市、益阳、长沙、岳阳、郴州等地也有分布。江苏、浙江、江西、四川、贵州、广东、广西、湖北、河南、新疆等省区也曾从桃源引种饲养。桃源鸡是我国优良的地方鸡品种，以体形大、耐粗饲、适应性强、经济价值高而深受养殖户欢迎；以肉质细嫩、口感味道鲜美而深受消费者青睐。该鸡种曾于 1960 年在法国巴黎国际博览会上展出。缺点为早期生长速度缓慢、丰羽迟和就巢性强等，还需进一步选育提高。

1. 品种形成及产地环境

桃源县地处湖南省西北部，位于东经 110°51′47″～111°36′41″，北纬 28°24′24″～29°24′08″，境内河川纵横，丘陵起伏，中东部为丘陵盆地和冲积平原，西北部为山丘区，南部为山区。地势西峻东缓，三面环山，呈"C"字形由南和西北向中东倾斜，自南北两侧朝沅水谷地呈马鞍状逐级降低，最高海拔 1104.2 米，最低海拔小于 100 米。

桃源县属亚热带季风气候区，气候温暖湿润，四季分明。年平均气温 16.96±0.45℃，最高气温为 38.62±0.95℃（7 月和 8 月），最低气温为（－3.08）±（－1.2）℃（1 月）。该县降水量丰富，全县年平均降水量为 1505.6±259.5 毫米；空气比较潮湿，全年相对湿度较大，年平均值为 82%；无霜期 279.5±18.9 天，农作物以稻谷为主，还有豆类（大豆、绿豆、蚕豆、豌豆）、薯类及棉花、油菜等经济作物；饲料作物有玉米、小麦、大豆、红薯、青饲料

等。2005 年，粮食作物产量 61.73 万吨，饲料作物总产量为 15.8
万吨。

桃源鸡是桃源人民经过长时期精心选育的地方品种，对本地自
然环境和农家饲养管理条件适应性强。表现为觅食能力强、耐粗
饲、耐热和耐寒，农户养鸡都是以野牧为主，一年四季终日在野外
寻食脱落的谷粒等籽实类饲料、青草和虫蚁，炎热的夏天和严寒的
冬天也能照常在野外觅食；抗病能力较强，在正常的免疫情况下，
无论是散养、野牧，还是群饲圈养，都较少发生普通性疾病。

桃源鸡在桃源县有着悠久的养殖历史，据《桃源县志》记载，
早在明朝嘉靖年间（1522—1566 年）民间就有养鸡的习惯。清朝
《豳风广义》论鸡篇中曾载有"楚中有一鸡，高三四尺"。该地为楚
国所辖，可能即指桃源鸡。

2. 体形外貌

黄羽雏鸡绒毛为淡黄色；麻羽雏鸡背部有两条各 3 毫米宽棕黄
与褐黑相间的带状花纹，背部、颈下和腹部呈浅白色，保持到第一
次换羽即消失；黑羽雏鸡有纯黑绒毛，头、颈、背部为黑色，脸
部、腹部呈白色。雏鸡三日龄才开始长出主、副翼羽（占
17.27%），1 周龄时长出 1～6 片（占 78.04%）。据 2003 年 6 月统
计测定，快羽型鸡占 19.72%，慢羽型鸡占 80.28%。成年公鸡体
羽一致，多为金黄色，主翼羽和尾羽呈黑色，颈的基部间有黑羽。
成年母鸡的羽色大体分为三大类型。即黄羽型约占 80%（有浅黄与
深黄之分，80%以上为浅黄）、麻羽型约占 15%（有浅麻与深麻之
分，浅麻、深麻各半）、黑羽型约占 5%。黄羽鸡多数在颈羽、翼羽
和尾羽处呈黑色斑点。成年公、母鸡的肉色一般白色略带淡红，
胫、喙为黑褐色，肤色有白色和黑灰色之分。

桃源鸡体形高大，胸较宽，背稍长。公鸡姿态雄伟，头颈高
昂，尾羽上翘，侧视呈"U"字形。母鸡体躯较长，后躯深圆，羽
毛蓬松，略呈楔形。

公鸡颈较粗长，头清秀，大小适中。一般为单冠直立，极少数玫瑰冠，单冠冠齿 5～8 个。冠和肉垂鲜红色，肉垂较发达、呈卵圆形。眼微凹，大而有神。无脚羽，无冠毛，虹彩金黄色。母鸡头较细小，颈长短适中。单冠直立，产蛋后倒向一侧；冠齿 5～8 个，极少数玫瑰冠形，冠及耳垂均为鲜红色。虹彩橙黄色。极少数一侧或两侧有脚羽。

3. 体重体尺

桃源鸡平均体重体尺如表 3－2。

表 3－2　桃源鸡体重体尺

性别	日龄	体重（克）	体斜长（厘米）	胸宽（厘米）	胸深（厘米）	胸角（°）	龙骨长（厘米）	骨盆宽（厘米）	胫长（厘米）	胫围（厘米）
公	230	668.75	24.19	8.61	11.42	70.52	12.94	7.59	12.60	4.88
母	230	1745.33	19.61	7.46	0.41	70.74	10.48	6.68	10.73	4.13

4. 生长性能与饲料利用性能

桃源鸡生长性能与饲料利用性能见表 3－3。

表 3－3　不同阶段平均体重与饲料利用性能

周龄	平均体重（克）	料肉比
0	38.98±3.12	
2	98.82±16.44	1.79：1
4	199.34±37.9	1.92：1
6	387.46±73.75	2.06：1
8	618.83±122.28	2.33：1

续表

周龄		平均体重（克）	料肉比
10		782.11±153.12	2.83：1
12		1056.09±173.16	2.92：1
13		1060.74±45.99	2.95：1
20周龄	公	2165±68.10	—
	母	1734.00±104.43	—
12月龄	公	3298.04±148.99	—
	母	2929.27±134.13	—

5. 产肉性能及肉质

桃源鸡屠宰性能测定结果、肌肉主要化学成分检测结果见表 3-4及表3-5。

表3-4　桃源鸡屠宰性能测定结果

性别	活重（克）	屠体重（克）	屠宰率（%）	半净膛重（克）	半净膛率（%）	全净膛重（克）	全净膛率（%）
公	2083.33	1865.17	89.43	1756.50	84.23	1499.67	71.55
母	1754.00	1558.67	88.75	1452.50	82.72	1172.83	67.37

性别	胸肌重（克）	胸肌率（%）	腿肌重（克）	腿肌率（%）	翅膀重（克）	翅膀率（%）	腹脂重（克）	腹脂率（%）
公	256.23	17.03	432.33	28.87	162.67	10.74	0	0
母	230.50	19.00	277.83	23.68	119.33	10.23	71.00	5.53

表 3-5　桃源鸡肌肉主要化学成分检测结果

项目	干物质（%）	水分（%）	蛋白质（%）	灰分（%）	脂肪（%）	发热量（兆焦/千克）
公	26.30	73.70	17.81	1.18	1.28	4.929
母	25.80	74.20	17.13	1.24	1.47	5.173

6. 繁殖性能

桃源鸡母鸡产第一枚蛋平均日龄 146.6±4.03 天，177 日龄时产蛋率达 5%。种蛋受精率为 88.41%，受精蛋孵化率为 89.51%。从开产至产蛋结束 303 天，入舍母鸡平均产蛋数为 100.15 枚。母鸡的开产蛋重为 40g，300 日龄平均蛋重为 50.2g。蛋壳色泽浅褐占 74%、深褐占 26%。桃源鸡有较强的就巢性，多在初春至入秋季节（3～8 月）。每年就巢 1～2 次较多见。平均就巢期为 27.06 天。在就巢母鸡中有二次就巢的占 17.65%。

（三）雪峰乌骨鸡

雪峰乌骨鸡，俗名"药鸡"，属于肉药兼用型地方鸡品种。该鸡乌喙、乌脚、乌皮、乌肉、乌骨，因主产于雪峰山周围地区而得名。

1. 品种形成及产地环境

雪峰乌骨鸡原产于湖南西南部雪峰山周围地区，洪江区和洪江市（原黔阳县）是中心产区，怀化市的会同县、靖州县、中方县、芷江县和邵阳市的绥宁县、洞口县等也有分布。

产区属亚热带季风性湿润气候，年最高气温 39.6℃、最低气温 −9.2℃、平均气温 17℃。无霜期 304 天（2 月 13 日至 12 月 4 日）。年平均日照时数 1354.3 小时。年平均降水量 1485 毫米，主要集中在 4～8 月。夏季多南风和西南风，冬季多北风和西北风，平均风速2.3米/秒,最大风速4.2米/秒。该区地形起伏较大,地表水系发达,土壤主要成土母质为板页岩、紫红色砂砾、石灰岩冲积物和第四纪土,分为水稻土、菜园土、潮土、红壤4个土类。农作物以水稻为主,其次是玉米、红薯、小麦、高粱、油菜、棉花等,玉米、红薯、小麦是主要的饲料作物。该区农户分散,树林较多,房前屋后果园、荒地和林地多有天然饵食如草籽、嫩草、虫蚁等,加上运动和充足的阳光,从而形成了雪峰乌骨鸡健壮、活泼、觅食力强、耐粗放饲养的特点,对当地环境具有较强的适应性。

该地农民饲养雪峰乌骨鸡已有200多年历史,据同治十三年(1874年)《重修黔阳县志》记载:"家鸡有数色,以毛白而皮肉与骨皆乌者为佳"。雪峰乌骨鸡在当地素被人们称为药鸡,以乌鸡配药蒸吃,可以益气补虚、滋阴养肾,是病后体虚、妇女产后的滋补佳品,也可以辅助治疗头痛、肾虚及妇科疾病。由于山区交通不便,人们一直以来都是自繁自养。经过长期的闭锁养殖,使其群体保持了极高的遗传同质性,遗传性稳定,具有独特的品种外貌特征。雪峰乌骨鸡因其独有的食用和药用价值深受消费者的喜爱,同时也成为该区农民家庭收入的主要来源,养殖效益较好,市场前景广阔,从而对该品种的形成起到了促进作用。

2. 体形外貌

雪峰乌骨鸡分白羽和黄麻羽两个类群,白羽雪峰乌骨鸡雏鸡羽色为白带浅灰色,成鸡羽色为白色;黄麻羽雪峰乌骨鸡雏鸡羽色为褐色,成鸡羽色为黄麻色(间有少量黑羽),片羽,羽毛富有光泽,紧贴于体。肉色、胫色、喙色及肤色均为浅黑。

雪峰乌骨鸡体形中等,体质结实,身躯稍长呈月牙形。公鸡体态雄壮,胸廓发育良好,尾羽发达,成年公鸡后尾上翘呈扇形,颈羽细长;母鸡体形稍小而清秀,腹部较柔软而富弹性。头大小适中,单冠,6~8齿,紫红色;髯紫红色,耳叶紫绿色;虹彩棕色;

乌喙，带钩。

3. 体重和体尺

300 日龄成年白羽公鸡 2021±155.26 克，300 日龄成年白羽母鸡 1428.00±203.70 克；300 日龄成年黄麻羽公鸡 2013.50±251.04 克，300 日龄成年黄麻羽母鸡 1463.00±205.83 克。雪峰乌骨鸡 126 日龄（上市日龄）和 300 日龄体尺分别见表 3-6 和表 3-7。

表 3-6　126 日龄雪峰乌骨鸡体尺

类群	性别	体斜长（厘米）	胸宽（厘米）	胸深（厘米）	胸角（°）	龙骨长（厘米）	骨盆宽（厘米）	胫长（厘米）	胫围（厘米）
白羽	公	21.62	5.31	8.42	63.30	11.97	5.22	9.27	4.12
	母	18.20	5.60	5.37	61.86	11.50	4.59	7.50	3.75
黄麻羽	公	20.99	5.86	8.35	63.61	12.12	5.42	9.20	4.11
	母	18.95	4.95	7.84	60.87	9.93	5.01	7.94	3.65

表 3-7　300 日龄雪峰乌骨鸡体尺

类群	性别	体斜长（厘米）	胸宽（厘米）	胸深（厘米）	胸角（°）	龙骨长（厘米）	骨盆宽（厘米）	胫长（厘米）	胫围（厘米）
白羽	公	21.93	6.41	10.47	66.50	12.04	6.51	9.35	4.56
	母	19.01	5.21	8.25	63.35	9.69	5.39	7.34	3.68
黄麻羽	公	20.35	6.75	9.79	72.40	11.94	6.73	9.33	4.45
	母	17.58	5.54	8.55	66.10	9.70	5.87	7.63	3.80

4. 生长性能

雪峰乌骨鸡的生长速度见表 3-8。

表 3-8　雪峰乌骨鸡生长速度

类群	性别	初生（克）	1周（克）	2周（克）	3周（克）	4周（克）	5周（克）	6周（克）
白羽	公	28.43	55.46	89.11	142.37	210.13	303.67	399.00
	母		46.02	81.14	120.77	174.94	248.57	333.67
黄麻羽	公	26.96	51.83	85.75	136.96	203.52	281.00	373.33
	母		44.59±2.88	76.40±3.13	125.99±3.25	179.39±3.81	249.00±5.07	328.67±6.94

类群	性别	7周（克）	8周（克）	9周（克）	10周（克）	11周（克）	12周（克）	13周（克）	上市（克）
白羽	公	508.33	611.00	724.33	860.00	1039.67	1188.00	1334.00	1750.33
	母	425.33	520.67	631.00	735.00	845.00	941.00	1027.33	1186.67
黄麻羽	公	478.00	587.33	699.67	819.00	950.00	1076.00	1210.00	1516.67
	母	419.00	513.33	612.67	718.67	819.33	930.67	1024.00	1189.33

5. 产肉性能

126 日龄雪峰乌骨鸡屠宰性能见表 3-9。

表 3-9　126 日龄雪峰乌骨鸡屠宰性能

类群	性别	活体重（克）	屠体重（克）	半净膛重（克）	全净膛重（克）	腿肌重（克）	胸肌重（克）
白羽	公	1656.67	1490.67	1347.67	1173.33	312.00	208.67
	母	1113.33	1005.00	919.00	787.33	184.67	177.33
黄麻羽	公	1468.00	1310.33	1193.33	1025.33	279.00	180.67
	母	1150.70	1050.33	924.33	798.67	186.67	146.67

6. 肉品质与药用性能

雪峰乌骨鸡营养价值高，干物质的粗蛋白含量在 76% 以上，肉质细嫩，味道鲜美，与含有较高的天门冬氨酸、谷氨酸和赖氨酸密切相关，且富含人体所必需的多种氨基酸、维生素和微量元素。以该鸡配药蒸吃，可以益气补虚、滋阴养肾，可辅助治疗头晕、体虚、胃疾及妇科疾病，是老人儿童、妇女产后和病后的滋补保健佳品。

7. 蛋品质量

雪峰乌骨鸡平均蛋重 45.58 克，蛋形指数 1.34，蛋壳厚度 0.33 毫米，蛋壳颜色褐色占 86%，白色占 14%。

8. 繁殖性能

雪峰乌骨鸡平均产第一枚蛋日龄为 125 天，5% 开产日龄为 156 天；种蛋受精率 91.6%（87.8%～93.4%）；受精蛋孵化率 91.6% （86.2%～93.6%）；每只入舍母鸡 300 日龄产蛋数平均 118 枚 （105～130 枚）；就巢次数每年 3～4 次，每次就巢时间 15～25 天，就巢比例 88%。

（四）东安鸡

东安鸡属中型肉用型地方品种，原产于东安县芦洪市镇，中心产区主要分布在该县芦洪市镇、川岩乡、井头圩镇、白牙市镇、大江口乡等地，东安境内其他乡镇均有分布。近年来，东安鸡养殖区已辐射到周边的冷水滩、芝山、全州、新宁等县区。广东等地也曾到东安引种饲养。

1. 品种形成及产地环境

东安县位于湖南省西南部湘江上游，地处东经 $110°34'10''$～ $110°59'33''$，北纬 $26°7'4''$～$26°52'29''$，属亚热带季风湿润气候区。年平均气温 18.1℃，无霜期 210～306 天（霜期出现在每年 11 月下旬至次年 1 月底），年均降雨量为 1330.6 毫米。境内地势西北高、东南低，丘岗山地占 80% 以上。土质以黄红壤、黄壤土为主，有地表河流 31 条，年径流量 15.425 亿立方米。全县土地总面积 236900 公顷，其中林地 132667 公顷，耕地（含坡地）38625 公顷，荒草地 29052 公顷。农作物以水稻、玉米、红薯、大豆、萝卜等为主。常年产量水稻为 36.5 万吨，玉米 7.5 万吨，红薯 10.8 万吨，大豆 2100 吨，萝卜 11.3 万吨。其他还有花生、油菜、小麦、马铃薯、烤烟、瓜类等农作物种植。东安县农作物种类多，为养鸡提供了丰富的饲料来源。境内丘岗山地为主，灌木成林，虫蚁众多，农户居住分散，习惯放养家禽，为养鸡提供了良好的自然条件和野生饲料。当地农户喜欢饲养本地土鸡，长期选留自家公母鸡做种并采用自然孵化的方法进行繁殖。因历史上交通闭塞，使得东安鸡特性得以保持下来。通过长年累月的选择形成了东安鸡体形中等、敏捷、善飞，觅食力强，肉质好等特点。

　　2. 体形外貌

　　黄羽雏鸡羽毛为浅黄色绒毛，黑羽雏鸡为灰黑色绒毛。成年黄鸡尾羽黑色，颈羽有少量黑毛，身体其他部分羽毛黄色。成年黑鸡全身羽毛黑色，表面有油绿金属光泽。东安鸡黄羽、黑羽喙均黑色，喙前端呈白色。黄羽胫色灰色，皮肤灰中带黄，肌肉浅米黄色。黑羽胫色较黄羽为深呈青色，皮肤灰褐色，肌肉淡黄色。

　　东安鸡体形中等，体质结实，颈长短适中，脚较细，公鸡体态雄壮，母鸡秀丽。黄羽身躯呈"V"形，黑羽体躯呈"U"形。东安鸡肉垂、眼睑红色，虹彩棕褐色，耳叶黄色，喙较平直。公鸡头大小适中，单冠直立鲜红，黑羽冠齿 8～9 个，黄羽 7～8 个。母鸡头小、冠小、单冠直立红色，黑羽、黄羽冠齿均为 7～8 个。东安鸡无须无胫羽，四趾，脚趾黑色，趾尖及脚底呈白色。

　　3. 体重和体尺

　　成年东安鸡（300 日龄）体重和体尺见表 3-10。

表 3 - 10　成年东安鸡体重体尺

性别	体重 (克)	体斜长 (厘米)	胸宽 (厘米)	胸深 (厘米)	胸角 (°)	龙骨长 (厘米)	骨盆宽 (厘米)	胫长 (厘米)	胫围 (厘米)
公	1814.90	22.28	9.02	10.74	75.93	11.16	6.44	7.91	4.50
母	1613.7	19.29	9.11	9.94	78.41	10.18	5.64	6.90	4.03

4. 生产性能

在饲喂碎米、稻谷为主的放养条件下，东安鸡生长速度较慢。110 日龄公鸡体重 1255.10±28.44 克，母鸡体重 1158.60±28.63 克，基本可以上市。在较高营养水平舍饲情况下，东安鸡生长速度明显提高，90 日龄公鸡体重 1368.2±59.6 克，母鸡 1145.6±51.3 克。据测定雏鸡在常规免疫的放养条件下育雏期成活率 91.47%；育成期成活率 93.24%。

5. 产肉性能

东安鸡腿肌率较高，骨细是主要原因之一。测定结果表明，东安鸡公鸡大腿骨直径 0.77±0.069 厘米，小腿骨直径 0.696±0.058 厘米，腿骨重 52.6±4.5 克，占腿肌及腿骨重量的 23.85±2.08%；母鸡大腿骨直径 0.696±0.08 厘米，小腿骨直径 0.60±0.038 厘米，腿骨重 38.5±3.6 克，占腿肌及腿骨重量的 17.02±1.16%。达上市体重（110 日龄）东安鸡产肉性能测定结果见表 3 - 11。

表 3 - 11　东安鸡产肉性能

性别	活重 (克)	屠宰率 (%)	半净膛率 (%)	全净膛率 (%)	腿肌率 (%)	胸肌率 (%)
公	1255.10	89.26	79.08	65.27	20.51	15.62
母	1158.60	88.39	78.88	64.56	25.09	16.79

续表

性别	腹脂率（%）	脚重（克）	肠重（克）	颈重（克）	心重（克）	肝重（克）	肌胃重（克）
公	0.33	45.82	33.44	72.85	6.94	27.10	33.98
母	1.63	33.49	38.51	68.41	7.94	27.09	40.03

6. 肉质

东安鸡富含锌、硒多种微量元素及维生素 A、维生素 B、维生素 C 等多种维生素，脂肪含量低，氨基酸含量丰富，天冬氨酸、谷氨酸等风味氨基酸含量高。同时，东安鸡蛋白质中异亮氨酸、亮氨酸、赖氨酸、蛋氨酸＋胱氨酸、苯丙氨酸＋酪氨酸、苏氨酸、色氨酸、缬氨酸等 8 种必需氨基酸总量是学龄前儿童需要量的 1.7 倍，是学龄儿童需要量的 2.4 倍，是成人需要量的 4.5 倍。各种氨基酸含量和比例均符合人体必需氨基酸模式要求。可见东安鸡肉质鲜美，营养全面丰富，高蛋白低脂肪，是适合广大消费者需要的健康食品。

7. 繁殖性能

东安鸡性成熟较早。母鸡最早开产为 121 日龄，群体达 5% 产蛋率为 137 日龄；公鸡 90 日龄左右有求偶行为。在较低饲料营养水平放养条件下，东安鸡的性成熟要慢一些。据对川岩东安鸡保种区调查，母鸡最早开产为 136 日龄，公鸡一般 80 日龄开啼，100 日龄有配种行为，180 日龄可作种用。公母群养比例为 1 ∶（10～15），人工授精为 1 ∶（20～25）。母鸡饲养年产蛋 123.76 枚。开产蛋重平均 48.63 克，经产蛋重平均 52.37 克。种蛋受精率、孵化率高。种蛋受精率 91.52%，受精蛋孵化率 90.59%。

东安鸡就巢性较强。母鸡年就巢 3～5 次，每次就巢持续时间 8～20 天，最长可达 35 天。

（五）仙居鸡

仙居鸡，别名梅林鸡，是浙江省优良的小型蛋用地方鸡品种。该鸡主要产地在浙江省仙居县以及临海、天台、黄岩等县，分布在浙江省东南部。根据调查统计，仙居县仙居鸡每年的养殖数为50万只以上，年供应雏鸡100万只，不仅仅供应本省，还远销至广东、广西、上海、江苏等地。

1. 品种形成的历史

仙居县位于浙江东南的括苍山区，四面被山环绕，且以丘陵山地为主，为山间河谷盆地，除东面外其他各面地势较高。仙居县在古代交通闭塞，永安溪由西向东贯穿境内，经临海入台州湾，是出入仙居县最主要的途径。仙居县气候宜人、降水充足，年平均气温在 17.3℃，无霜期为 238.3 天，平均降水量为 1420 毫米，年日照数为 2017.7 小时，仙居鸡是在这种历史环境下慢慢培养的。仙居鸡养殖历史悠久，据《仙居县志》记载："鸡分黄、花、白等色。"文字的形容与现代仙居鸡的特征如出一辙。由此可见，仙居鸡在几百年前早就存在了。

仙居鸡从古至今一直进行放养，主要靠在野外觅食，致使在雏鸡培育阶段就得不到足够的营养，生长速度等性能受到很大影响。但是由于长期在丘陵山地地区放养，经常追捕昆虫，导致其运动量大、身体健壮，这也是仙居鸡具有体质优良、适应性强等特点的根本原因。与此同时，当地的农民以养鸡为主要副业之一，习惯将体形小、产蛋多、补料少的仙居鸡作为首要选育对象，这一行为对仙居鸡的形成产生了重要影响。

在新中国成立以后，由于长期采用人工孵化，养殖户有目的地淘汰就巢母鸡，这导致了仙居鸡的就巢性逐渐衰退。仙居鸡在人工选择和自然环境的共同作用下，经过世世代代选育，变成了小型高产的优良鸡种。

2. 体貌特征

仙居鸡全身羽毛紧贴、身材匀称、背平直、尾部羽毛高翘、昂首挺胸，整体来看其外形结构非常紧凑。该鸡反应灵敏，非常容易受到惊吓，善于飞跃，具有蛋用型鸡的外形的基本特点。

雏鸡的绒毛为黄色，深浅参差不齐，伴有浅褐色。喙、胫、趾为黄色或青色。成年仙居鸡头部大小适中；单冠，冠齿有 5～7 个；耳叶呈椭圆形；肉垂薄，颜色鲜红，大小适中；眼睑薄，虹彩多呈橘黄色，亦有金黄、灰黑、褐等颜色；羽毛紧贴皮肤，皮肤为白色或者浅黄色；胫趾有黄和青两种颜色，但以黄色为选育对象，仅少数胫部有小羽。

公鸡鸡冠垂直高度为 3～4 厘米。羽毛主要为黄红色，梳羽、蓑羽色较浅有光泽，主翼羽红夹黑色，镰羽和尾羽均黑色。母鸡较公鸡鸡冠矮，高约为 2 厘米，羽毛的颜色较杂，以黄色为主，颈部羽毛颜色较深，主翼羽羽片半黄半黑，尾羽黑色。在多年人工选育下，黄色羽毛已经较为一致，其他的白羽和黑羽鸡数量少，作为保种观察用。

3. 产肉性能

仙居鸡的生长速度中等，该鸡个体小且早熟，在 180 日龄时，公鸡体重 1245 克，母鸡体重 953 克，接近成年鸡的体重，虽然仙居鸡属于蛋用型鸡，但是其屠宰率也比较高，肌肉的肉质鲜美、口感好、风味独特、蛋白质含量高、氨基酸种类丰富且平衡。

4. 产蛋性能

一般农家饲养的母鸡开产日龄约为 180 天，在饲养条件好的情况下，约为 150 天开产，亦有少量更早者。仙居鸡开产早，也会导致所产蛋的蛋重偏轻；就产蛋量而言，在一般的饲养管理条件下，年产蛋量可达 160～180 枚，高的可达 200 枚以上，数量可观；仙居鸡的平均蛋重为 42 克，蛋壳颜色以浅褐色较为普遍，蛋形指数为 1.36；鸡蛋由 55.11% 的蛋白、33.7% 蛋黄、11.19% 蛋壳组成，鸡蛋的营养组成为：水分 72.93％、粗蛋白质 14.24％、粗脂肪 11.78％、灰分 1.05％，每克全蛋的总热量为 1.97 焦耳。

5. 繁殖性能

仙居鸡的配种能力很强，可按公母比 1：（16～20）配种，根据现有资料显示，仙居鸡的受精率为 94.3％，受精蛋的孵化率为 83.5％；由于常年的人工孵化，养殖户有意识地选择就巢性弱的母鸡，导致仙居鸡的就巢性整体水平变弱，一般就巢母鸡在群体的比例为 10％～20％；仙居鸡的成活率较高，1 月龄的育雏成活率达 96.5％。

综上所述，仙居鸡适于果园山地生态养鸡，符合果园山地生态养鸡的种种特点，是养殖户进行生态养鸡品种选择过程中的重要选择对象。表 3-12 是对仙居鸡部分数量性状度量结果的总结：

表 3-12 仙居鸡部分性能测定结果

项目指标	指标大小
公鸡 22 周龄体重	1600～1800 克
母鸡 22 周龄体重	1250～1400 克
开产日龄	130～150 日龄
开产体重	1150～1200 克
蛋重	42～46 克
500 日龄产蛋数	180～200 枚
公母配比	1：（12～15）
笼养受精率	88％～91％
受精蛋孵化率	90％～93％

（六）大骨鸡

1. 品种的形成及产地环境

大骨鸡，别名庄河鸡。大骨鸡具有悠久的历史，据史料记载，200多年前，山东移民在迁徙过程中将山东的寿光鸡带入辽宁，与当地的鸡杂交后，经过当地的农民长期选育而成。大骨鸡的主要产地位于辽宁省庄河市，分布在东沟、凤城、金县、复县、新金等地。大骨鸡是我国比较知名的畜禽品种，曾经出现在国家级畜禽资源保护品种名录里，是著名的兼用型地方鸡种。

大骨鸡身高体壮，适合放养，但这并不意味着大骨鸡可以完全依赖放养，还是要在粗放的过程中加以精细地喂养。大骨鸡喜欢去山上觅食昆虫与草籽，基本上一天都可以在山上活动，但是研究表明，如果想要大骨鸡快速增长，必须早晚对大骨鸡进行充足的饲喂，饲料可由浓缩料与玉米混合而成，一般100千克的饲料由30～35千克的浓缩料与65～70千克的玉米组成。

大骨鸡的主要生活场所是在自然环境中，因而感染疾病的概率会大大增加，尤其是寄生虫病。对疾病的处理办法，始终按照以防为主的原则进行，且要及时隔离治疗病鸡，特别是要根据当地的疾病发生情况制定相应的免疫程序；还需要注意的是环境温度和湿度的改变对鸡的健康的影响，要搭建可以避暑防寒的简易棚舍。

2. 体貌特征

大骨鸡体格大、腿部粗壮、背宽而长、胸深且宽广、腹部丰满。公鸡的羽毛呈棕红色，尾羽呈黑色并带有绿色光泽。母鸡为麻黄色，头部与颈部粗大、眼大而亮。公鸡单冠直立，母鸡单冠、冠齿小。大骨鸡冠、耳叶、肉垂均为红色，趾、胫、喙均为黄色。大骨鸡是典型的兼用型地方鸡品种。

3. 产肉性能

成年公鸡、成年母鸡的体重分别为2.9千克、2.3千克，6月龄公鸡、母鸡的体重分别为2.22千克，1.78千克。同时大骨鸡的产肉性能优良，皮下脂肪均匀分布，肉质鲜美。其中公鸡的半净膛屠宰率、全净膛屠宰率分别为 77.80%、75.69%，母鸡的半净膛屠宰率、全净膛屠宰率分别为 73.45%、70.88%。

4. 产蛋性能

大骨鸡的重要特点是其所产的鸡蛋个体非常大，大骨鸡年平均产蛋数为 160 枚，在优越的饲养条件下，大骨鸡年均产蛋量可达 180 枚。蛋重为 62～64 克，最高可达 70 克以上。鸡蛋壳光洁平滑、壳厚而坚硬、破损率低，蛋料比为 1：（3～3.5）。

5. 繁殖性能

大骨鸡公鸡于 6 月龄性成熟，成熟公鸡的体重在 2.5 千克左右，母鸡的开产时间为 180～210 天，公母配种比例为 1：（8～10）。种蛋受精率为 90%，受精蛋孵化率为 80%，60 日龄育雏率为 85% 以上，就巢率为 5%～10%，就巢持续期为 20～30 天。

（七）惠阳鸡

惠阳鸡，别名龙岗鸡、龙门鸡和三黄胡须鸡，以肉质鲜美、皮骨脆软、肥育性能好等特点享誉畜禽行业。惠阳鸡具有耐粗饲、强适应性、抗病力强等优点。其肉质鲜美、骨脆皮薄，颇受消费者喜爱。

1. 品种形成及产地环境

惠阳鸡的饲养已经有非常悠久的历史，在《广志》（265—316）中记载的鸡品种已有 8 种，其中就包含了惠阳鸡。当地的人们喜欢客家咸鸡烹饪方法，这最早为客家人保存食物的一种方法。现如今产区地处广州与香港两座城市之间，惠阳鸡的市场广阔、价格颇高，市场的惠阳鸡供不应求，消费者对惠阳鸡的独特风味更是青睐有加，这是惠阳鸡养殖发展的重要动力。据相关部门统计，惠阳鸡 2004 年的饲养量约为 3000 只，如今的饲养量保持在 1.2 万只左右。

惠阳鸡原产于广东东江和西枝江中下游沿岸的惠阳、紫金、博罗、惠东和龙门等县，现在主要分布在广东东莞、宝安、河源等地。惠阳县经纬度分别为东经 114°07′～114°27′、北纬 22°27′～25°25′，地势西北低、东南高，平原与丘陵交错存在，山低谷浅。该地的年平均气温为 21.6℃，年平均日照时长为 2000 小时，无霜期为 350 天，年降水量为 1545～1989 毫米，属于典型的亚热带季风气候。

2. 体貌特征

惠阳鸡体形较为中等，背宽胸深，后躯丰满，胸肌非常发达。鸡喙粗短，呈黄色。单冠直立，为红色，冠齿 6～8 个。鸡的耳叶为红色，虹彩为橙黄色。颌下有发达的胡须状髯羽，无肉垂或仅有一些痕迹。胫、皮肤均为黄色。

公鸡背部羽毛为枣红色，鞍羽和颈羽为金黄色，主尾羽大部分为黄色，有少量黑色，镰羽呈墨绿色，鲜艳光亮。母鸡全身的羽毛基本为黄色，主翼羽和尾羽有些为黑色。雏鸡全身毛色为黄色。

3. 产肉与产蛋性能

惠阳鸡生性活泼，耐粗料，易育肥，在大群科学的饲养管理下，饲养 120 天即可上市。成年公鸡体重 1.65～2.96 千克，母鸡 1.25～2.05 千克，若以农家放养形式和以自给饲料为主进行饲养，一般青年小母鸡需经 180 天才能达到性成熟，体重在 1.20 千克左右。但此时若经笼养育肥 12～15 天，可净增重 0.35～0.40 千克。这种前期放养，后期笼养育肥的肉鸡，品质最优，鸡汤味最浓，是目前鸡中上品。青年小母鸡平均半净膛率为 84.8%，全净膛率为 76%。150 日龄公鸡半净膛率为 87.5%，全净膛率为 78.7%。惠阳鸡产蛋性能低，6 月龄后开产，平均开产日龄为 154 天，年产蛋 70～90 枚，平均蛋重 47 克，蛋壳分棕色、白色两种；种蛋受精率为 87.4%，受精蛋的孵化率为 91.3%，母鸡就巢性强，就巢率为 10%～20%。

（八）寿光鸡

寿光鸡，又叫慈伦鸡。该鸡的特点是体形大而丰满、蛋大，是肉蛋兼用型优良地方品种。寿光鸡肉质鲜嫩可口，营养丰富，在市场上供不应求，且价格高出普通鸡 2~3 倍，是家禽消费市场的明星。

1. 品种形成与产地环境

据史料记载，寿光鸡的形成与当地的社会文化背景和经济活动密切相关。春秋战国时期的《周礼·夏官》、北魏贾思勰所写的《齐民要术》等都对寿光鸡有详细的记载。根据《寿光县志》记载，寿光县古时候有斗鸡的爱好，该地区特有的生态环境与劳动人民的选育，使寿光鸡具有体形硕大、蛋大和斗鸡体形等特点。新中国成立后，相关部门采取了保种选育措施，对寿光鸡品种特性的保持起到了非常大的作用。寿光鸡原产地为山东省寿光市稻田镇及其附近地区。以寿光市为中心产区，慈家村、伦家村饲养的鸡种最纯正。现在的寿光鸡主要产区在寿光市以及相邻的潍坊、青州、临朐、诸城等地。

寿光市地处东经 118°26′，北纬 36°32′，在黄河三角洲南部冲积平原、山东半岛中部及渤海莱州湾南畔的交接处，地形主要为平原，地势由南往北逐渐降低。境内最高海拔 49.5 米，最低海拔 1米；该地年平均气温为 12.4℃，最高气温为 41.0℃，最低气温为－22.3℃；无霜期 195 天。年降水量为 630 毫米，相对湿度为66%。年平均日照时长达 2548 小时。属暖温带季风大陆性气候。

2. 体貌特征

寿光鸡体躯硕大，骨骼粗而壮，胸肌发达，背宽而平直，腿高而粗壮，脚趾大且坚实有力。全身羽毛为黑色，颈、背、前胸、鞍、腰、肩、翼羽、镰羽等部位呈深黑色并伴有绿色光泽。其他部位羽毛颜色较淡，呈灰黑色。尾羽有长短之分。喙有点弯，呈黑色或喙尖为灰白色。单冠，冠、肉髯、耳叶均呈红色。虹彩多呈黑褐色。皮肤呈白色，胫、趾呈黑色。

公鸡身体近似方形，冠大且直立。母鸡体形类似于元宝，冠形大小不一。雏鸡绒毛为黑色，少数个体的腿、脸和喙角处有黄白斑。寿光鸡的体重和体尺见表3-13。

表3-13　寿光鸡的体重和体尺

性别	体重（克）	体斜长（厘米）	胸宽（厘米）	胸深（厘米）	龙骨长（厘米）	骨盆宽（厘米）	胫长（厘米）	胫围（厘米）
公	3250±161	26.7±1.3	7.7±0.3	13.9±0.4	14.6±1.0	9.7±0.4	12.2±0.3	4.9±0.3
母	2830±97	28.2±1.2	6.8±0.7	12.5±1.4	12.3±1.0	8.8±0.4	9.7±0.4	4.1±0.4

3. 产肉性能

雏鸡在早期的饲喂过程中，其增重和羽毛生长速度快，尤其是大型寿光鸡，它是典型的慢羽鸡，背羽一般来说较为稀疏且伴有秃尾的现象，在6～7周后生长速度开始加快。根据实验测定，公鸡的半净膛率为82.5%，全净膛率为77.1%；母鸡的半净膛率为85.4%，全净膛率为80.7%。寿光鸡部分屠宰性能见表3-14。

表3-14　寿光鸡部分屠宰性能

性别	宰前活重（克）	屠体重（克）	屠宰率（%）	腿肌率（%）	胸肌率（%）	腹脂率（%）
公	3105±195	2876±217	92.6±1.1	17.9±2.1	9.5±1.6	0.88±0.13
母	2580±215	2388±229	92.6±1.4	14.8±1.9	12.4±1.4	2.40±0.98

4. 产蛋性能

寿光鸡的体形不同，开产日龄不同：大型鸡的开产日龄为240天；中型鸡的开产日龄为145天。大型鸡的年平均产蛋量在117.5枚左右，中型鸡为122.5枚。大型鸡蛋重为65～75克，中型鸡约为60克。大型鸡和中型鸡的蛋形指数分别为1.32、1.31。大型鸡蛋壳厚为0.36毫米，中型鸡0.358毫米。蛋壳颜色为褐色。

5. 繁殖性能

根据寿光市的慈伦种鸡场记录资料显示，寿光鸡平均开产日龄在 190 天，年平均产蛋数 140～144 枚，300 日龄平均蛋重 65 克。公、母鸡配比一般为 1：（8～12），种蛋受精率 90.7%，受精蛋孵化率 81%，母鸡就巢率 0.89%。

（九）北京油鸡

北京油鸡是北京地区特有的地方优良品种，是优良的肉蛋兼用型地方鸡种。北京油鸡具有凤头、毛腿和胡子嘴等特征。该鸡肉质细致，肉味鲜美，蛋品质优良，生活力强和遗传性稳定。

1. 品种形成及产地环境

北京油鸡最早出现在清朝中期，距今已有几百年的历史。王公贵族对家禽品质的高要求是北京油鸡形成的一大重要原因。经过北京地区的养殖户长时间选育，形成了具有特色形态和优良肉蛋品质的地方优良鸡品种。

20 世纪 70 年代到 90 年代，民间北京油鸡的饲养数量已经很稀少。北京油鸡原产于北京市，改革开放以前主要分布在城北侧安定门和德胜门外的近郊一带，以朝阳区的大屯和洼里乡数量最多，海淀、清河等地也有一定数量的存在。20 世纪 50 年代，北京油鸡曾出口到东欧国家，90 年代曾出口至日本。目前，北京油鸡在民间已经寥寥无几，在中国农业科学院北京畜牧兽医研究所和北京市农林科学院畜牧兽医研究所、国家地方禽种资源基因库、上海农业科学院有饲养。

北京市经纬度为东经 116°20′、北纬 39°56′，地处华北平原北部，东、西、北三面环山，东南部是平原地带，海拔 20～60 米。年平均气温为 11℃，最高气温在 42℃ 左右，最低气温－27.4℃；无霜期 180～200 天。年降水量 644 毫米。产区冬季干燥、春季多风、夏季多雨、秋季晴朗温和，属暖温带半湿润大陆性季风气候。

2. 体貌特征

北京油鸡体形中等，羽色为红褐色或黄色，其中红褐色的鸡体形较小。喙为黄色，尖部略显褐痕。单冠，冠叶小且薄，冠叶前段常形成一个小的 S 状褶曲，冠齿不完全对称。冠羽大而蓬松，常将眼的视线遮住。有胫羽，有些个体兼有趾羽，约 70% 个体生有髯羽。具有髯羽的个体，其肉垂很小或全无。冠、肉髯呈红色。耳叶呈浅红色。虹彩多呈棕褐色。胫呈黄色。

公鸡昂首挺胸，羽毛光泽鲜艳，尾羽呈黑色；母鸡的头和尾都很翘，尾羽与主翼羽、副翼羽之间有黑色的或者半黑半黄的羽片，胫部略短。雏鸡羽毛颜色为淡黄色或者土黄色。北京油鸡的体重和体尺见表 3-15。

表 3-15　北京油鸡的体重和体尺

性别	体重（克）	体斜长（厘米）	胸深（厘米）	龙骨长（厘米）	骨盆宽（厘米）	胫长（厘米）
公	2049±35.70	20.2±1.65	12.5±0.10	12.8±0.11	9.19±0.11	9.13±0.08
母	1730±17.60	16.34±0.13	10.7±0.08	9.6±0.10	7.86±0.08	8.39±0.07

3. 产肉性能

北京油鸡的平均出生重为 38.4 克，4 周龄的平均体重为 220 克，8 周龄的体重为 549.1 克，12 周龄平均体重为 959.7 克，16 周龄平均体重为 1228.7 克，20 周龄的公鸡平均体重为 1500 克，母鸡的平均体重为 1200 克。

雏鸡的羽毛生长速度较为缓慢，8 周龄时，羽毛还未能长齐。成年鸡的屠体皮肤微黄，紧凑丰满，肌间脂肪分布均匀，肉质细致，肉味鲜美，适于多种烹调方法，为鸡肉中的上品。北京油鸡的屠宰测定见表 3-16。

表 3 - 16　北京油鸡的屠宰测定

性别	宰前活重（克）	屠体重（克）	屠宰率（%）	半净膛率（%）	全净膛率（%）	腿肌率（%）	胸肌率（%）	腹脂率（%）
公	1810	1584	87.5	79.8	72.0	29.6	9.6	3.65
母	1498	1290	86.1	78.4	69.6	28.6	10.8	4.85

4. 产蛋性能

在农村的放养条件下，由于条件相对来说差一些，所以母鸡的年产蛋量大约为 110 枚，如若饲养管理水平高，则可达 125 枚左右，蛋重平均在 56 克，母鸡年产蛋的总重量约为 7 千克，蛋壳颜色呈褐色，也有些个体的蛋壳为淡紫色，色泽光鲜艳丽。根据测定，北京油鸡的蛋壳强度为 3.13 千克/厘米^2，蛋壳平均厚度为 0.325 毫米，蛋形指数为 1.32，新鲜鸡蛋的哈氏单位为 85.4。北京油鸡的鸡蛋各项指标都非常优异，深受消费者喜爱。

5. 繁殖性能

北京油鸡在每年的 3～7 月为其高繁殖期，鸡群的公母配比为 1：(8～10)。放养状态下，种蛋受精率平均在 80% 以上；条件优越的情况下，种蛋受精率可达 90% 以上，孵化率也可达到 90% 以上。

北京油鸡的就巢性明显，在 7 月最为集中。就巢持续期，短则 20 天左右，长可达 2 个多月。雏鸡的生命力强，一般情况下，2 月龄的成活率高达 95%。

（十）狼山鸡

狼山鸡是我国著名的肉蛋兼用型地方鸡品种，身强体壮，头昂尾翘，呈 U 字形；全身羽毛紧密分布、光泽鲜艳；好动，动作敏捷。狼山鸡根据其羽毛颜色可分为黑与白两种。

1. 品种形成与产地环境

狼山鸡产于长江三角洲背部，东部黄海与之毗邻。农户零星分布于该地区，该地区的土地来自海滩围垦。当地的植物种类丰富，芦苇丛生，鸡群可以觅食到丰富的青绿饲料和昆虫及海洋生物，从而使鸡的营养丰富，发育良好；狼山鸡的产地气候温和、四季分明、阳光充足、地势平坦、水源丰富，农作物产量高，当地群众经常对鸡群用该地农作物进行补饲，这给狼山鸡的发育提供了良好的物质基础。

养鸡是当地村民的主要副业，养鸡户的数量庞大，都是每家每户进行自行繁育；在当地的乡俗中，由于农家忌讳红羽，视其为火灾的征兆，而视黑色为吉祥征兆，并且在渔民出海祭祀的时候也选用纯黑的大公鸡，从而淘汰了许多杂色羽鸡。

狼山鸡原产地为江苏省南通市，它的中心产区为南通市东县的马塘、岔河。狼山鸡主要分布在拼茶、丰利、双甸以及通州市石港等地区。除江苏外，在全国各地亦有分布。狼山鸡在1872年传入英国，然后又传到美、德、法、日等国，并参与了一些著名品种的培育。

中心产区的东县经纬度为东经 $120°41'\sim121°21'$、北纬 $32°12'\sim32°31'$，在江苏省的东南部，地形为长江中下游平原，地势平坦，平均海拔为 4 米。年平均气温在 16℃，最高气温为 39.1℃，最低气温为 -7.2℃；无霜期为 234 天，年降水量为 1045 毫米，年平均日照数为 1939 小时，四季分明，为北亚热带海洋季风气候。

2. 体貌特征

狼山鸡体形较大，头昂尾翘，背部内凹，从侧面观察鸡呈 U 字形，头部短且圆，其羽毛有黑色和白色两种。狼山黑鸡单冠直立，有 5～6 个冠齿；冠、肉髯、耳叶均为红色。虹彩以黄色为主，间有黄褐色；喙为黑褐色，尖端颜色较淡；全身被毛黑色，成年公鸡背部、尾部羽毛有墨绿色金属光泽；胫、趾部均呈灰黑色，皮肤为白色。狼山黑鸡初生雏头部黑白绒毛相间，俗称大花脸；背部为黑色绒羽，腹、翼尖部及下腭等处绒羽为淡黄色，这是狼山黑鸡有别于其他黑色鸡种的特征。狼山白鸡雏鸡羽毛为灰白色，成鸡羽毛洁白。狼山鸡的体重和体尺见表3-17。

表3-17　狼山鸡的体重和体尺

性别	体重（克）	体斜长（厘米）	胸宽（厘米）	胸深（厘米）	龙骨长（厘米）	骨盆宽（厘米）	胫长（厘米）	胫围（厘米）
公	2670±160	23.8±1.5	8.6±0.4	10.0±0.3	18.9±1.9	9.8±0.4	10.1±0.4	5.0±0.1
母	2030±100	19.9±1.0	7.0±0.4	8.5±0.4	14.8±0.9	8.3±0.3	8.3±0.2	4.0±0.1

3. 产肉性能

根据2006年国家地方禽种资源基因库测定的黑羽狼山鸡公母鸡的生长速度可知，雏鸡出生重在35.6克左右；4周龄狼山鸡的平均体重为262.0克左右；狼山鸡8周龄时，公母鸡的平均体重分别为771.2克和571.3克；狼山鸡13周龄的体重，公母鸡分别为1439.5克和1129.9克左右。狼山鸡屠宰性能测定结果见表3-18。

表3-18　　狼山鸡的屠宰性能测定

性别	宰前活重（克）	屠体重（克）	屠宰率（%）	半净膛率（%）	全净膛率（%）	腿肌率（%）	胸肌率（%）	腹脂率（%）
公	2670±160	2382±200	89.2±1.2	82.9±1.3	71.7±1.3	19.3±1.8	16.9±1.2	0.36±0.19
母	2030±100	1855±180	91.4±1.7	79.3±1.3	69.9±1.5	21.2±1.6	16.6±1.5	7.21±1.32

4. 产蛋性能

300日龄狼山鸡鸡蛋的蛋品质结果见表3-19。

表3-19　300日龄狼山鸡鸡蛋的蛋品质结果

蛋重（克）	蛋形指数	蛋壳强度（千克/厘米²）	蛋壳厚度（毫米）	蛋壳色泽	哈氏单位	蛋黄比率
51.6±1.3	1.30±0.05	4.00±0.46	0.34±0.06	浅褐色	73.4±3.7	33.2±2.3

5. 繁殖性能

狼山鸡平均开产日龄为 155 天左右，500 日龄的产蛋数大约为 185 枚，平均蛋重为 50 克。种蛋受精率为 92.7%，受精蛋孵化率为 90.1%，就巢率为 16%。

（十一）丝羽乌骨鸡

丝羽乌骨鸡是我国珍贵的药用型地方鸡品种，是"乌鸡白凤丸"的主要原料，对于妇科疾病有很好的功效。丝羽乌骨鸡经济效益高，生产性能低，需要进行有效的育种。

1. 品种形成与产地环境

丝羽乌骨鸡是我国古老的鸡种之一。据相关资料显示，13 世纪末，元代初期的《马可·波罗游记》第 154 章"福州国"中记载"……有一异事足供叙录，其地母鸡无羽而有毛，与猫皮同。鸡色黑，产卵，与吾国之卵无异，宜于食。此种鸡各处几尽有之，其名曰丝毛鸡，或乌骨鸡"。明代杰出的医学家李时珍的《本草纲目》中也有"泰和老鸡产于江西泰和吉水诸县"的记载，又说"乌骨鸡有白毛乌骨者，黑毛乌骨者，斑毛乌骨者，有骨肉俱乌者，肉白骨乌者，但观鸡舌黑者，则骨肉俱乌，火药更良"。以上资料说明，该鸡在 700 多年前即已存在。特别是在过去产区交通不便，缺医少药的年代，常养此鸡作为补品治病，并视此鸡为珍贵的贡品。因此使这一独特鸡种经过数百年至今仍得以保存。

丝羽乌骨鸡的原产地为江西泰和县，现在丝羽乌骨鸡生产数量较多的地区为江西泰和县及福建省泉州市、厦门市等地。丝羽乌骨鸡在全国各地乃至全世界都有生产。

以原产地为例，江西省泰和县的地理位置为北纬 26°27′～26°59′、东经 114°57′～115°20′，地处江西省东部，赣江穿过其中。地形以山地、丘陵为主，地势东西高、中间低，类似于盆地。平均海拔高度为 60 米，年平均气温为 18.6℃，最高气温为 41.5℃，最低气温为－4.1℃；年降水量 1506 毫米，属于亚热带季风气候。

2. 体貌特征

丝羽乌骨鸡在国际标准中被列为观赏型鸡种。其体形为头小、颈短、脚矮、结构细致紧凑、体态小巧轻盈。其外貌具十大特征，也称"十全"：一、桑椹冠，冠属草莓类型，在性成熟前为暗紫色似桑椹，成年后颜色减退略带红色似荔枝；二、缨头，头顶有一丛缨状冠羽，母鸡比公鸡发达，状如绒球，称之为"凤头"；三、绿耳，耳叶为暗紫色，在性成熟前明显呈蓝绿色，成年后逐渐成为暗紫色；四、趾，也有个别的从第一趾再多生一趾成为六趾的；五、毛脚，腹部和第四趾着生有胫羽和趾羽；六、乌皮，全身皮肤以及眼、脸、喙、胫、趾均呈乌色；七、乌肉，全身肌肉略带乌色，内脏及腹脂膜均呈乌色；八、乌骨，骨质暗乌，骨膜深黑色；九、胡须，在下颌和两颊着生有较细长的丝羽，似胡须，以母鸡较为发达。肉垂很小或仅留痕迹，颜色与鸡冠一致；十、丝羽，除翼羽和尾羽外，全身羽片因羽小枝没有羽钩而分裂成丝绒状。一般翼羽较短，羽片末端常有不完全的分裂，尾羽和公鸡的镰羽不发达。丝羽乌骨鸡的体重和体尺见表3-20。

表3-20　丝羽乌骨鸡体重和体尺

性别	体重（克）	体斜长（厘米）	胸宽（厘米）	胸深（厘米）	龙骨长（厘米）	骨盆宽（厘米）	胫长（厘米）	胫围（厘米）
公	1763±173	20.4±0.7	7.3±0.3	10.1±0.3	11.6±0.6	5.6±0.3	8.4±0.7	5.1±0.4
母	1379±220	17.5±0.9	6.9±0.3	8.9±0.4	10.0±0.6	5.4±0.2	7.3±0.3	3.9±0.3

3. 产肉性能

不同饲养条件或者不同的生活环境下，丝羽乌骨鸡的生长速度及体重会存在较大差异，成年的丝羽乌骨鸡公鸡的体重范围为1.49～1.75千克，成年母鸡的体重范围为1.42～1.45千克；5月龄时公鸡体重达成年公鸡体重的70.23%～80.62%，母鸡相应为

82.53%～87.73%。丝羽乌骨鸡的屠宰性能也会因为环境和营养水平等因素有所差异。丝羽乌骨鸡的屠宰性能测定结果见表3-21。

表3-21　丝羽乌骨鸡的屠宰性能测定

性别	宰前活重（克）	屠体重（克）	屠宰率（%）	半净膛率（%）	全净膛率（%）	腿肌率（%）	胸肌率（%）	腹脂率（%）
公	1753±167	1545±147	88.1±3.7	75.6±3.2	68.5±2.9	17.5±1.9	11.0±1.8	0.57±0.46
母	1421±237	1247±248	87.8±5.9	75.97±4.1	62.5±3.4	13.47±2.1	9.9±1.9	2.07±8.7

根据福建省白绒乌骨鸡保种场2006年的数据显示，该地乌骨鸡的屠宰性能如表3-22所示。

表3-22　白绒乌骨鸡屠宰性能

性别	宰前活重（克）	屠体重（克）	屠宰率（%）	半净膛率（%）	全净膛率（%）	腿肌率（%）	胸肌率（%）	腹脂率（%）
公	1493±94	1349±93	90.4±0.9	80.3±2.1	67.3±1.9	26.9±1.7	16.9±1.3	—
母	1450±116	1317±105	90.8±0.8	74.3±6.0	61.6±3.0	22.1±1.7	18.4±1.7	7.2±1.9

4. 产蛋性能

根据江西农科院畜牧研究所与福建白绒乌骨鸡保种场的测定数据，丝羽乌骨鸡的蛋品质如表3-23。

表3-23　丝羽乌骨鸡的蛋品质

产地	蛋重（克）	蛋形指数	蛋壳厚度（毫米）	蛋壳颜色	哈氏单位	蛋黄比率（%）
江西	43.6±4.1	1.34±0.05	0.29±0.04	大部分为白色	86.3±2.7	33.2±3.3
福建	45.1±3.5	1.33±0.07	0.31±0.02		78.7±6.4	32.6±1.3

5. 繁殖性能

据来自江西农科院畜牧研究所的资料，丝羽乌骨鸡平均开产日龄为 156 天，300 日龄产蛋数平均为 70 枚，生产群 300 日龄平均蛋重 39.5 克，种蛋受精率 88.5%，受精蛋孵化率 91.3%。母鸡就巢率为 10%～15%。

据福建省莆田市白绒乌骨鸡原种场记录资料统计，丝羽乌骨鸡的平均开产日龄为 143 天，457 日龄平均产蛋数 131.8 枚，300 日龄平均蛋重 45.1 克，种蛋受精率 90%，受精蛋孵化率 91%，母鸡就巢性强。

（十二）四川山地乌骨鸡

四川山地乌骨鸡在兴文县被称为兴文乌骨鸡，在沐川县被称为沐川乌骨鸡，属肉蛋兼用型地方品种，具有一定的药用价值。

1. 品种形成与产地环境

据史料记载，四川山地乌骨鸡在兴文县已有 1300 多年的养殖历史。由于产区独有的地形、地貌、温和气候与肥沃的土壤，在放养的条件下，山地乌骨鸡逐渐变成了体形高大，口感鲜美和具有极高药用价值的地方鸡品种。在很多年前，由于产区交通闭塞，形成了一道天然屏障，对该品种的基因纯化起到了至关重要的作用。

四川山地乌骨鸡原产地为四川省兴文、沐川等地，以宜宾、泸州、乐山等地为中心产区，该地周边亦有少量分布。四川山地乌骨鸡的原产地经纬度为北纬 27°60′～29°40′、东经 102°10′～106°30′，位于四川盆地与云贵高原的交接处，地形以山地、丘陵为主。该地海拔为 267～1795 米。年平均气温为 16℃～18℃，无霜期为 240～300 天；年降水量为 1000～1400 毫米，相对湿度为 85%；年平均日照时长 1000～1600 小时。气候温和、空气湿润、无霜期长，属亚热带温润气候。

2. 体貌特征

四川山地乌骨鸡体形硕大，大部分鸡的羽毛为黑色，少数为麻羽和白羽。黑、白羽两系中少数个体有凤头和丝羽、翻羽。乌皮、乌肉、乌骨是四川山地乌骨鸡的基本特征。耳叶呈乌黑色或翠绿色。公鸡单冠直立，颜色乌红，母鸡肉髯及冠都为乌黑色。冠、脸、髯、喙、趾、舌、皮肤、内脏、肉和骨膜均呈乌黑色。虹彩全黑羽为黑黄色，全白羽为浅黄色。公鸡体格高大，冠大乌红。母鸡体格适中，外貌清秀，能适应各种环境，生存能力强。四川山地乌骨鸡的体重和体尺见表3-24。

表3-24　四川山地乌骨鸡的体重和体尺

产地	性别	体重（克）	体斜长（厘米）	胸宽（厘米）	胸深（厘米）	龙骨长（厘米）	骨盆宽（厘米）	胫长（厘米）	胫围（厘米）
兴文	公	2406±203	23.0±1.9	8.2±0.5	13.6±1.0	14.2±0.6	9.8±0.7	13.7±1.4	5.3±0.4
兴文	母	1942±250	20.0±1.4	6.6±0.4	12.2±0.6	11.6±0.7	8.3±0.4	10.3±0.5	4.4±0.4
沐川	公	2612±289	28.1±2.0	9.0±1.3	9.0±0.7	12.4±0.6	9.0±0.4	11.4±0.4	5.0±0.4
沐川	母	2230±324	23.1±0.4	7.0±0.5	9.2±1.0	11.3±0.7	8.2±0.5	9.7±0.5	4.9±0.3

3. 产肉性能

四川山地乌骨鸡的出生重平均为34.0克，3周龄平均体重为195克，8周龄时公鸡与母鸡的体重分别为730克和620克，在第13周龄时公鸡与母鸡的体重分别为1335克和1015克，成年体重公鸡平均2.3～3.7千克、母鸡2.0～2.6千克。

根据2006年兴文县与沐川县两地的山地乌骨鸡屠宰性能资料显示如表3-25。

表 3-25　四川山地乌骨鸡的屠宰性能

产地	性别	宰前活重（克）	屠体重（克）	屠宰率（%）	半净膛率（%）	全净膛率（%）	腿肌率（%）	胸肌率（%）
兴文	公	2395±235	2210±221	92.3±0.9	85.3±9.4	73.6±1.0	25.8±1.6	19.1±1.5
	母	1942±251	1782±267	91.8±2.3	82.1±3.3	70.2±4.4	21.7±1.7	17.1±1.6
沐川	公	2612±289	2365±266	90.5±0.5	84.8±1.1	75.2±2.1	28.7±1.9	19.1±1.8
	母	2230±324	2016±300	90.4±1.5	83.5±3.3	72.1±4.4	26.3±1.8	16.5±1.5

4. 产蛋性能

由于环境不同，蛋品质亦会有所差异。在兴文县，280 日龄的山地乌骨鸡所产的蛋平均重量为 53.2 克，蛋形指数平均值为 1.49，蛋壳颜色为褐色或者浅褐色。

在沐川县，280 日龄的山地乌骨鸡所产蛋的平均重量为 53.9 克，蛋形指数平均值为 1.35，蛋壳颜色为褐色，也有浅褐色和白色。

5. 繁殖性能

根据兴文县四川山地乌骨鸡原种场展示的资料，四川山地乌骨鸡开产日龄为 165～180 天，年产蛋数为 140～150 枚，开产蛋重为 33.3 克，平均蛋重为 53 克。种蛋受精率为 91.6%，受精蛋孵化率为 85.2%，母鸡就巢率低于 8%。

可以看出四川山地乌骨鸡具有生长快、肉质好等特点。主要缺点是产蛋、产肉性能较差，因此，应进一步加强本品种选育，提高生产性能。山地乌骨鸡还有极高的药用价值，是果园山地生态养鸡的重要选择品种之一。

（十三）石歧杂鸡

石歧杂鸡是地方良种石歧鸡与新汉夏鸡、白洛克鸡杂交改良后培育而成的优质黄羽肉鸡，1979 年由香港引入深圳。该鸡羽毛、皮肤、脚都呈黄色，单冠直立，腿短。肌肉的皮细嫩鲜滑，肉质鲜美，骨头很细。鸡的抗病力与抗应激能力强。种鸡的开产时间约为 17 周龄，母鸡年平均产蛋量为 158 枚，产蛋率高峰期可达 71%，种蛋孵化率为 75%左右。商品代仔鸡 17 周龄的平均体重为 2 千克，料肉比可达 3.2：1。

（十四）粤黄鸡

粤黄鸡是由广东省家禽研究所培育而成的优质黄羽肉鸡。粤黄鸡骨头较细，肉质鲜美可口。粤黄鸡具有快大型、中快型和优质麻羽型三种商品代配套系。优质麻羽型鸡开产时间为 22 周龄，成年母鸡年平均产蛋数为 150 枚。根据资料显示，公鸡 9 周龄体重为 1.26 千克左右，母鸡 11 周龄体重为 1.4 千克左右。

（十五）固始鸡

固始鸡是以河南固始县为中心的一定区域内，在特定的地理、气候等环境和传统的饲养管理方式下，经过长期择优繁育而成的具有突出特点的优秀鸡群，是中国著名的肉蛋兼用型地方优良鸡品种，是国家重点保护畜禽品种之一。

1. 品种形成及产地环境

固始鸡历史悠久，在当地已有上千年的饲养记录。根据《固始县志》记载，固始鸡在清朝作为贡品上贡朝廷，是非常著名的家禽品种。固始县的优良环境，丰富的食物及养殖户传统养殖习惯，再加上古时候交通不便，避免了与其他鸡品种杂交，从而促使了固始鸡的形成。在 20 世纪 80 年代，固始鸡被正式列入《河南省地方优良畜禽品种志》。

固始鸡的原产地为河南固始县，现以固始、商城、罗山等县为中心产区，安徽等地亦有分布，全国各地也有饲养。总体来说分布广泛。以固始县为例，地理位置为北纬 $31°46'\sim32°35'$、东经 $115°21'\sim115°55'$，位于河南省南部，平均海拔为 80 米，最高海拔为 1025.6 米，最低海拔为 23 米。年平均气温为 15.2℃，最高气温为 41.5℃，最低气温为－11℃；无霜期为 220～230 天。年降水量为 900～1300 毫米，相对湿度在 70%～80%。年平均日照时数达 2139 小时。温暖湿润，四季分明，属亚热带季风气候，水资源十分充足。该地农作物种类丰富，草地面积大，适宜该鸡的放养。

2. 体貌特征

固始鸡个体中等，外观清秀灵活，体形细致紧凑，体态匀称，羽毛丰满，尾型独特。初生雏绒羽呈黄色，头顶有深褐色绒羽带，背部沿脊柱有深褐色绒羽带，两侧各有 4 条黑色绒羽带；成鸡冠型分为单冠与豆冠两种，以单冠者居多。冠直立，冠齿为 6 个，冠后缘冠叶分叉。冠、肉垂、耳叶和脸均呈红色。眼大略向外突起，虹彩呈浅栗色。喙短略弯曲、呈青黄色。胫呈靛青色，四趾，无胫羽。尾型分为佛手状尾和直尾两种，佛手状尾尾羽向后上方卷曲，悬空飘摇，这是该品种的特征。皮肤呈暗白色。公鸡羽色呈深红色和黄色，镰羽多带黑色而富青铜光泽。母鸡的羽色以麻黄色和黄色为主，白、黑色很少。该鸡种性情活泼，敏捷善动，觅食能力强。固始鸡的体重和体尺见表 3－26。

表 3－26　固始鸡体重和体尺

性别	体重（克）	体斜长（厘米）	胸宽（厘米）	胸深（厘米）	胸角（°）	龙骨长（厘米）	骨盆宽（厘米）	胫长（厘米）	胫围（厘米）
公	2270±200	24.8±0.8	8.2±0.6	11.7±1.0	71.0±4.5	13.2±0.8	9.7±0.5	11.5±0.5	4.9±0.4
母	1780±220	21.1±1.0	6.9±0.5	11.2±0.7	76.0±3.2	12.8±1.5	8.7±0.1	8.6±0.4	4.1±0.4

3. 产肉性能

固始鸡早期增重速度慢，60 日龄体重公母鸡平均为 265.7 克，90 日龄体重公鸡为 487.8 克，母鸡为 355.1 克；180 日龄体重公鸡为 1270 克，母鸡为 966.7 克。

根据河南农业大学与信阳畜牧工作站联合测定资料，300 日龄固始鸡屠宰性能如表 3－27 所示：

表 3－27　300 日龄固始鸡屠宰性能

性别	宰前活重（克）	屠体重（克）	屠宰率（%）	半净膛率（%）	全净膛率（%）	腿肌率（%）	胸肌率（%）	腹脂率（%）
公	2210±260	1975±213	89.4±4.2	81.2±3.8	68.6±3.4	26.4±2.1	14.9±4.2	无记录
母	1790±150	1588±123	88.7±3.3	79.5±7.2	67.4±3.2	21.4±2.4	16.1±2.8	6.32±3.60

4. 产蛋性能

300 日龄固始鸡所产鸡蛋的平均蛋重为 52.2 克，蛋形指数平均值为 1.32，蛋壳厚度为 0.34 毫米，鸡蛋蛋壳颜色呈褐色，哈氏单位平均值为 80.1，蛋黄比率为 34.7%。

5. 繁殖性能

固始鸡的平均开产日龄在 160～180 天，开产时固始鸡的体重平均为 1600 克。舍养条件下，68 周龄固始鸡产蛋平均数为 164 枚，初产蛋重量为 43 克，平均蛋重为 52 克。公母配种比例为 1:（10～14），在此条件下，种蛋受精率为 90%～93%，受精蛋孵化率为 90%～96%。

在放养的条件下，固始鸡大部分母鸡都具有就巢性；舍养情况下部分鸡的就巢性有所退化，相对而言就巢性弱。

固始鸡是优良的兼用型品种，具有觅食能力强，耐粗饲，抗病、抗逆性强，产蛋较多，肉、蛋品质好，遗传性能稳定等特点，是具有较好市场潜力的地方鸡种。

四、优质肉鸡配套生产

优质肉鸡这一概念在 20 世纪 70 年代提出，但是业内未能给出一个清晰明确的定义，它是相对概念，是对于外来品种如"狄高"等而言的。在国内的各种研讨会上，对于优质肉鸡这一概念的描述不胜枚举，所有资料、论文及总结等对优质肉鸡这一概念的描述都有共同点：在饲养一段时间后，鸡的肉质鲜美可口、营养丰富，有独特的风味，符合某一地区人民的饮食和消费习惯，而且有丰富的市场前景。优质肉鸡的肉质是重点。

优质肉鸡可以是地方土鸡，也可以是杂交改良鸡种，因此我国的优质肉鸡的品种资源非常丰富。优质肉鸡不仅包含了农业部公布的81个地方鸡品种，也含有一些没有被列为国家目录的省级地方鸡品种资源和一些家禽育种公司培育出的杂交配套系。已经有35种优质肉鸡配套系经过国家的审核认证，它们分别是：雪山鸡、大恒699肉鸡、良凤花鸡、金陵麻鸡、金陵黄鸡、凤翔青脚麻鸡、凤翔乌鸡、墟岗黄鸡1号、京星黄鸡100、京星黄鸡102、鲁禽1号麻鸡、鲁禽3号麻鸡、皖南黄鸡、皖南青脚鸡、皖江黄鸡、皖江麻鸡、邵伯鸡、苏禽黄鸡2号、新兴矮脚黄鸡、新兴竹丝鸡3号、新兴麻鸡4号、粤禽皇2号、粤禽皇3号、岭南黄鸡1号、岭南黄鸡2号、岭南黄鸡3号、金钱麻鸡1号、南海黄麻鸡1号、弘香鸡、新广铁脚麻鸡、新广黄鸡K996、康达尔黄鸡128、江村黄鸡JH－2号、江村黄鸡JH－3号、新兴黄鸡Ⅱ号。

果园山地生态养鸡饲养管理非常重要，但是鸡本身的繁育才是生态养鸡可持续发展的根基。养殖户在繁育肉鸡的过程中，必须根据当地实际情况和市场需求，来选择配套生产的方法。

（一）优质肉鸡系间配套

优质肉鸡系间配套生产，即对优质肉鸡的品种内不同的专门化品系的鸡种进行杂交。专门化品系是指具有某方面突出特点，且用于杂交生产某配套系的品系。基于建立专门化品系，养殖户可以充分利用系间的杂种优势以及优势互补，提高优质肉鸡品种的生产性能和经济效益。与传统的品种选育与品种间杂交相比，系间配套生产可以缩短优质肉鸡的育种年限，提高育种效率，还可以根据实际情况生产出各种配套组合。因此这种鸡一般是属于高档的优质肉质，但由于没有其他血缘融入，可能会导致鸡的生长速度较慢。

（二）优质肉鸡与速生型肉鸡配套

优质肉鸡与速生型肉鸡配套生产，重点始终为"优质"。但是在生产过程中会以稍微降低肉质为代价，提高商品代鸡的生长速度，提高子代的饲料利用率；还可以提高子代种鸡的繁殖性能，在以后的繁育过程中可以得到更多的商品鸡。这种配套生产方式产生的鸡种有着生长速度的优势，肉用性能也相对得到提升，为半优质型肉鸡。

（三）优质肉鸡与本地鸡配套

优质肉鸡与本地鸡配套生产是利用现成的优质肉鸡品种与养殖户所在地尚未进行选育的土鸡进行配套杂交利用。既利用了优质肉鸡本身的优良特性，也充分吸收土鸡的特色风味与符合当地群众饮食习惯等特点，培养出的商品代鸡具有独特的风味，这种配套杂交的后代也属于高档优质肉鸡，经济效益高，市场广阔，深受消费者喜爱。

五、生态放养蛋鸡生产

生态放养蛋鸡是生产优质鸡蛋的重要途径。随着社会经济水平不断提高，人们对物质生活水平的要求增多，因此在鸡蛋消费过程中，消费者越来越注重蛋的品质，可以从市场消费中直观看出，放养蛋鸡所产鸡蛋在市场上供不应求，且价格也较笼养蛋鸡高出许多。

由于蛋鸡生态养殖规模越来越大，如何保持蛋鸡放养的效率和质量越来越受到养殖户重视，因此为了提高养殖的经济效益和减少因技术管理引起的不必要损失，还需重视养殖过程中的问题。

（一）环境问题

1. 温度控制

放养的蛋鸡白天大部分时间生活在果园、山地，只有夜间在鸡舍内休息。因此在温度的控制过程中，需要分为室外和室内两种情况。

（1）室外温度管理

鸡群在10℃～30℃的温度范围内都可以正常生活，产蛋鸡的最适温度为13℃～24℃，室外温度的管理重点在于冬季的低温或者夏季的高温引起应激，造成鸡的不良反应。要保证鸡群的健康生长，夏天应该在放养的地区有相应的避暑场所，如大树或者简易的凉棚；冬天应想办法给鸡采取一定的保暖措施，不能圈鸡过晚，否则会因为环境温度过低导致蛋鸡产蛋率下降，能量消耗过大，营养无故流失。

（2）室内温度控制

鸡舍要有冬暖夏凉的特点。夏季温度过高的时候，要保证鸡舍的通风，条件允许可以配置风扇，以便空气流动畅通；冬天温度低的时候，要避免寒风直接吹入鸡舍内部，用田间干燥稻草铺于鸡舍内部，使鸡舍有一定的保温装置。

2. 湿度控制

湿度类似于温度，也可分为室内与室外湿度。要分开管理，才能使蛋鸡鸡群更健康，产出优质鸡蛋。

（1）室外湿度

在确定放养地区的时候，必须了解该地的天气情况与排水设施。众所周知，放养场地的湿度影响着鸡群的健康程度，室外场地湿度高导致地表的土容易黏附在蛋鸡身上，从而引起疾病如寄生虫病，也会导致鸡蛋品质下降。

（2）室内湿度

鸡舍内湿度过高的危害在于可以引起鸡发生寄生虫病，使鸡舍内霉菌、细菌等有害生物滋生，地表泥土湿润黏附于鸡的羽毛上影响鸡的美观，细菌滋生导致蛋品质下降。所以在建立鸡舍和饲养的过程中要特别注意排水是否通畅，饮水设备是否漏水，还要定期清理鸡舍内粪便，检查鸡舍是否漏水等情况。

3. 光照管理

光照在鸡蛋生产中具有非常重要的作用，即使知道光照非常重要，但还是有许多养殖户不会正确利用光照程序。只有使用正确的光照程序才能促使鸡群正常发育，产出优质鸡蛋，提高经济效益。

（1）育雏期

育雏期的光照强度和光照时间影响着雏鸡的生长速度。育雏期前三天应该保证光照充足，一般保持在23小时左右，然后根据雏鸡的发育情况再进行光照的改变，合理控制光照时间的减少速度。一般情况下，光照的递减速度为每周减少3小时，直到育成期固定光照时间。育雏期光照强度前三天可用60～100瓦灯泡，后四天用40瓦灯泡；第二周以后可以用30瓦的灯泡，灯泡间距为3米，距离地面高度为2米，要使光均匀照到每个地方。

在育雏期切不可为了节省用电，而缩短雏鸡的光照时间。光照时间长会提高雏鸡的采食量，增加雏鸡体重，保证雏鸡本身的健康，从而避免了鸡群的弱小雏鸡变多，减少了鸡群的死亡率；但是也不能一味地增加光照时长，给予长时间的光照会导致雏鸡疲劳，即使采食量大、采食时间长，也无法避免雏鸡得不到充分休息而带来的各种负面效应。

（2）育成期

因为果园山地生态养鸡主要是在生态环境中放养，育成期的光照时长并不是固定的，所以必须控制好这一时期的光照时间与强度。

根据相关资料得出的结论，育成期的光照时间一般来说必须固定在一定范围内。如果在进行生态养鸡的过程中一直采用自然光照，在春末夏初光照时间逐渐延长，会导致蛋鸡的性成熟提前，如果此时产蛋，鸡蛋会比正常鸡蛋重量变轻、形状也较小，势必影响蛋鸡的经济效益。在秋末冬初自然光照时间变短，如果一直采用自然光照，则会引起蛋鸡体成熟在性成熟之前到来，开产时间延长，产蛋高峰期变短，也会直接导致经济效益的下降。

在放养过程中，应该时刻观察日照时长，根据实际情况补充或者减少光照时间。不仅如此，在夏季如果光照强度过大，应当采取必要的措施避免阳光直射蛋鸡身体而引起啄癖和影响生长发育；冬季应该增大舍内光照强度，保证每平方米有 1～3 瓦的光照强度。在冬季补充光照时可使用 30 瓦灯泡，灯泡间距与高度可以分别保持在 2 米、3 米。

（3）产蛋期

产蛋期光照时间与强度要求固定不变，由于蛋鸡对光照更为敏感，在产蛋前加光除了第一次以外，每次加光不应该超过 1 小时，否则会造成部分发育较早的蛋鸡卵泡发育不正常，导致形成过多双黄蛋且使脱肛蛋鸡数量上升；性成熟晚的鸡会因为光照增强而引起光刺激机会减少，卵泡发育受到抑制，从而导致蛋鸡开产日龄推迟或不产。

一般情况下，蛋鸡在开产前进行光照刺激应该持续至高峰期，光照时长增加总量最少为 13 小时，每周或者每两周增加 15 分钟或者 30 分钟直至光照时长达到 16 小时，此后保持光照时长不变。光照强度一般控制在每平方米 5 瓦。

（二）饲养管理

1. 饲养方式

果园山地生态养鸡大部分活动时间都是在鸡舍外，外界环境如食物、水源等会因为季节变换而有所波动，养殖户要根据外界环境的变化来制定对鸡的饲喂次数。在春夏季节，生态环境中的食物丰富，鸡在野外觅食就能满足一日能量需要，在傍晚补料时便可只投入少量饲料；在秋冬季节，野外虫子和草类食物减少，加上外界环境温度低，会导致鸡耗能过多，因此可以适当在早晚地补料一次，以保证鸡的能量充足。根据何梦奇等（2012）的研究表明，在自然环境的食物比较充足的时期，每只产蛋鸡每天补饲混合型饲料 60 克左右即可；在冬季和早春野生饲料资源较少的时期每只产蛋鸡每天需补饲 85 克左右。此外，根据研究表明，冬季在食物中添加富含叶绿素与纤维素的物质能降低胆固醇含量，提高卵磷脂含量，以使蛋黄颜色加深。

果园山地生态养鸡在饲养过程中，水源也是保证健康养殖的重要因素。在夏季，气温偏高，应当勤换饮用水，最好保持每天换一次。冬天的时候，由于气温低，在清晨给鸡提供饮用水时，如若条件允许，可以提供加热过的温水，这样有利于鸡在冬天的生长发育，由于冬天饮水量会较少，所以可以 2 天换 1 次饮用水。若饮水器的容量为 5 升，则可以满足 80 只鸡的饮水需求。

2. 科学管理

科学管理是一个广泛而又笼统的概念，几乎包含了所有的生产环节。科学管理的最终目的就是为了蛋鸡的安全和高效生产，关键就在于防应激。蛋鸡的饲养过程中是生态放养与舍养相结合的方式。所以在改变鸡的生活环境的时候应该循序渐进，不应操之过急以避免应激而影响鸡群的正常管理。

冬季蛋鸡应该以舍养为主，空气温暖的时候将其放出，使其保持一定的运动量，气温降低的时候应该及时将鸡召回鸡舍内。一般来说，遇到天气不好的情况，不要将鸡放出。

（三）疾病控制与防天敌

蛋鸡在生态放养的条件下，有充足的阳光和丰富的野生食物，并且有足够的运动量。蛋鸡在这种条件下，肯定比舍养鸡身体健康，抗病力强。但是冬季，蛋鸡的主要活动场所由于温度的原因而转向鸡舍内，因此在饲养密度增大，空气变差等条件下，鸡容易发生疾病。养殖户要及时观察鸡群，按程序注射相应的疫苗，按时打扫鸡舍内卫生，尽可能改善鸡的生活环境。同时应注意清理环境，并适当配置防蛇、鼠、鹰等天敌的设施。

第四章　果园山地散养土鸡科学规划和设计

一、养殖规模的确定

生态养鸡较室内养鸡的优点是养殖密度小、运动量大和食物丰富等。所以在确立养殖规模的时候，要保证鸡群有足够的空间，山地内的野生食物基本可以满足鸡群的需要而不用过多地补料，鸡群产生废物的速度没有超过环境自身处理的能力，则长久地与环境保持平衡关系，减少不必要的经济损失，一个放养片区的山地面积至少应该达到 3000 平方米。

雏鸡在育雏室培育 4 周左右即可放养，放养的规模依据环境和雏鸡的发育程度而定，根据李薇（2011）的研究表明，在果园等林地或者山地放养时，放养的第一周规模为 1500～2000 只/亩（1 亩≈667 平方米，下同），第二周放养规模适当减少至 1000～1500 只/亩，第三周看情况而定，可以再适当减小规模，这是让雏鸡从温室慢慢适应生态环境的一个过程，不能突然使鸡群密度骤减，这可能会导致鸡群产生应激而发生各种问题。当鸡脱离育雏期以后，根据生态环境和饲养管理水平，可以将养殖规模确定为 100～300 只/亩，一批鸡群的大小控制在 500～1500 只，这样可以维持生态平衡。

二、养殖季节及放养时间的确定

鸡在放养过程中受到环境影响的程度比较大，尤其是温度和湿度的影响。温度过低会引起鸡体需要维持身体温度平衡的能量增大，使鸡增加其运动量产热导致鸡采食量增大，冬天生态环境食物较少，只能依靠养殖户早晚补食，这无疑增加了养殖户的经济负担，造成了经济损失，同时温度过低会引起鸡产生感冒等疾病，也是造成经济损失的重要因素；夏天温度高且湿度大，鸡在高温时容易中暑，或者在湿度很大的地方会发生球虫病，也会降低生态养鸡的经济效益。

在确定养殖季节的时候，宜参照当地的实际情况，一般来说春末夏初至秋末冬初，即 4～11 月比较适合长时间在山地放养。冬季虽然天气寒冷，但是也要进行适时放养，一般来说可以在上午 10 时温度有所升高的时候开始放养，下午 3～4 时温度使鸡不能适应的时候要及时将鸡群召回；夏天放养的时间可以偏长，提供充足的水源和避暑场所即可。在遇到天气突变的情况下，尽量不要放养或及时召回放养的鸡群，避免应激致使鸡群健康受影响。

三、场址的选择

（一）场址选择的原则

1. 无公害原则

果园山地散养土鸡所选场址的周边环境，如土壤土质、水源水质、周围建筑情况及空气质量等要符合要求。坚持无公害、安全高效的生产原则；杜绝重工业、化工厂等污染。对环境的要求如下：

（1）地势

在平原地区应该选择开阔平坦的土地，尽量避免潮湿的洼地，保证排水通畅，使养殖场的地下水位相对较低。

丘陵山地等地区，养殖场要建造在地势较高、坡度缓、向阳背风的一面。山地放养的场址应设在无地质灾害发生的地方，也要避开坡底、谷口地以及风口，免除自然灾害的袭击。

（2）土壤

果园山地散养土鸡的鸡种适应性较强，只要是在具有丰富的草资源且非洼地潮湿区域，大部分土质与土壤都可以适应。但是为了保证鸡的健康，除了山区和丘陵外，最好是采用沙质土壤，以避免泥泞后对鸡健康造成的影响。

（3）水源水质

清洁充足的水源是养鸡场址设定的重要参考指标，以可取、安全为基本原则。由于放养的过程中，鸡的运动量大，阳光充足，气候也可能较为干燥，因此鸡的饮水量必然大于室内笼养，养殖过程中必须保证充足的、优质的饮水。水源的理想来源为不需要复杂的消毒处理而是经过简单加工即可饮用的水资源。

2. 生态和可持续发展原则

鸡场在选址与建设时要立足长远，做到可持续发展。鸡场的生产不可对周围环境造成污染，鸡场对自身产生的废弃物或者垃圾要有处理能力。要根据场址所在地区的排污、排水系统做调查，比如排水方式、纳污能力、与居民区水源距离、能否与农田灌溉水源结合等。养殖场不能导致该地区的生态系统与环境破坏。

3. 经济性原则

无论果园山地散养土鸡的经济效益如何巨大，我们都有必要遵循经济性原则。尤其是在选址用地和建设上要考虑资源的稀缺性问题，无论是选地，还是进行场舍建设，都应精打细算，厉行节约。特别是土地资源日益稀缺、紧张，节约用地就显得尤为重要，更要响应国家的政策号召，积极走可持续发展的路线。争取人与自然的和谐发展。

（二）场地位置

1. 果园林地

在果园等林地养鸡的时候应该选择阳光充裕、地势平坦、环境相对干燥的地区，果树不宜过高也不能过密，以防遮挡阳光和致使鸡群运动空间太小；要保证果园内部的果树尽可能的少依赖农药保护，果园附近的其他庄园或者农田即使喷洒农药也能不污染鸡的生活环境与食物，这样才能保证生态养鸡产品的优质性；同时果园的果实在成熟前不能成为鸡啄取的对象，不然会对果园的经济生产产生影响。

2. 山地

一般来说，山地远离居民区、工业区、采矿区等地，就不会造成对居民生活环境的影响，也不会因为工业污染影响本身的质量，虽然偏远但是得保证运输的道路通畅，尽可能保证货车可以直接到达养鸡场所在地。山地要求背风向阳，坡度保持在30°左右，不能太陡峭，也不能在谷盆口等地，例如湘西地区雪峰山脉的丘陵山地就很适合进行山地生态养鸡。山地要有一定的数目，以便夏天鸡群有避暑的地方，山地的树木与杂草不宜太过于茂密，有方便、可利用的水源。

(三) 水源

生态养鸡由于鸡的运动量大，饮水量也随之上升，同时养鸡过程中还有洗涤等方面都需要用水，因此有必要在养鸡过程中准备充足的水源。在山地，往往山泉随处可见，养殖户可以从山间溪流中直接引水至养殖的场所供鸡饮用，山泉没有被工业或者居民废水污染且所含的矿物质丰富、病菌少，稍加处理后不仅可以满足鸡的饮水需要，亦可以提高鸡产品的品质，水中丰富的矿物质让鸡肉和鸡蛋更具风味、营养更加丰富全面，山中的溪水取之不竭且不消耗成本，可节省很多开支。

部分山地与果园附近没有溪流等充足的水资源，则可以采用取地下水来供给养鸡过程所需要的水量。深层地下水的物质含量比较稳定，经过泥土的过滤可以保证水的高品质，稍加处理也可以作为养鸡过程中的主要水源。如果是江河沟渠水，要谨慎使用，因为可能会受到环境的严重影响，即使经过处理的自来水，因为含有漂白粉等物质，也可能会影响鸡产品的品质。

四、场地规划

（一）鸡场的功能分区

生态养鸡的内部环境也要按照其功能进行分区，一般分为管理区、隔离区、生产区。管理区是管理人员与外界联系和办公的区域，这一区域是外界环境与生产区的第一道屏障，管理区的大门处要设置消毒室与消毒间，外来人员与车辆进入时要进行消毒，管理区内还应该有办公用的基本设施，保证鸡场流程的顺利运行，位置一般设在场区常年主导风向上风处及地势较高处。

隔离区包括兽医室、隔离鸡舍等，它是为了防止鸡群内部相互感染与防治疾病的主要医疗场所，与外界有专门的通道。隔离区内部设净道与污道，要保证严格的分离，位置一般设置在下风向处或地势较低处。

生产区，即生态放养的活动区域。生产区要分为很多小片区，每个小区之间要有一定的隔离设施如稻草、铁网等，但不同时使用，以保证环境的承受能力。每个小区可设置一定的简易鸡舍。生产区内部从上风处至下风处依次排列祖代、父母代、商品代鸡；按照鸡生长发育程度应该依次建设育雏舍、育成舍及成年鸡舍。这是出于保证鸡群健康生长的目的。

（二）鸡舍的位置

鸡舍数目的确定是根据阶段性饲养的不同而不同的，实行三阶段饲养，即育雏、育成、成年鸡饲养，三种鸡舍的数目比例一般为1：2：6；如果采用两阶段饲养，即育雏与育成阶段合并为一个时期，成年鸡为一阶段，两个阶段的鸡舍数目比例为1：2。鸡舍的走向应该以冬天保暖、夏天阴凉为原则而选择。鸡舍的间距一般为前排鸡舍高度的4倍，保证不同代或阶段鸡的鸡舍有相应的距离。鸡舍内部也要有一定的简易道路，其宽度根据内部车辆宽度而定，方便饲养员的管理，同时场内道路不能与场外道路连通。

（三）总体要求

养鸡场地的规划要按照前述原则进行，避免有太大差异。基本上养鸡场地要与居民区距离至少2千米以上，与工业区、采矿区或者兽医院等有严重污染可能性的地区距离5千米以上，要保证有道路联通鸡场与市场，便于能及时将鸡销往各地。鸡场内部要设有配置达标的育雏室，基本要求与室内养鸡的要求一致，这样可以保证鸡的产量与养鸡的整体规模大幅前进。生产区小区的大小按照每批鸡群的大小而定，养殖的小分区中要保证至少每500米左右就有饮用水源，充分保证在运动过程中的饮水量充足。鸡场内部的供电充足，线路要合理，不能让电线在鸡的运动下被破坏，造成漏电引起鸡的死亡等，其次为了防止停电而引起育雏室或者其他工作受到影响，要准备备用电源如柴油发电机，保证在停电后使鸡场的各个部门正常有序地进行工作。养殖过程中产生的废物，生态环境有一定的处理能力，更多的还是要依靠建设废弃物处理厂的处理，不能让养殖废物污染生态环境与居民环境，更不能污染水源。

五、鸡舍的建筑类型和修建

（一）各种简易鸡舍的建筑要求

由于生态养鸡的鸡种抵抗力普遍较高，鸡在相对条件较差的生活环境中依然可以保持优良的生产性能，因此就鸡舍而言，也可以进行简化处理。遵循如下原则既可保证鸡的高质量，又能节约养殖成本。

1. 鸡舍要便于清扫且空气畅通

鸡舍的地面可以用水泥地面，方便饲养员清扫鸡舍，还可以利用生态环境中丰富的树木资源架设高床，高度为70厘米左右。空气流通是鸡进入鸡舍后健康的基本保证，流动的空气可以降低湿度，清除有害气体，夏天还可以有较好的散热功能。根据于长春

（2010）的经验：对于饲养 1000 只鸡以上的鸡舍，平养鸡舍屋檐高 2.5 米左右，窗户面积为地面面积的 1/8 左右，窗户的高度取决于阳光的照射角度与鸡床位置，南北墙要开通风地窗，高度为 30 厘米，面积为 900 平方厘米，同时地窗要有栅栏，防止其他动物对鸡群造成危害。

2. 育雏舍温度相对恒定

一般育雏舍屋顶的高度为 2 米，保证舍内的排水功能正常，避免冷风直接吹入，有一定的遮光设置，避免夏季阳光直射时间过长。育雏舍的一面要设置一条 0.8 米的走道，门窗严实，墙壁没有缝隙，舍内的控温设施要齐全，保证鸡在育雏期间的正常发育，这是生态养鸡的第一步。

3. 安全原则

生态养鸡不可避免会遭到野外生物的侵扰，简易鸡舍必须有一定的能力来防御蛇、鼠等生物的侵害，例如在鸡舍安装铁栅栏，同时生产区内的围栏高度应该为 2 米左右，保证鸡不能跳出生产区而造成损失；同时鸡舍补料处应该设置一定的防护措施，防止鸟类偷食，避免食物浪费和感染鸟类携带的病原体。

（二）简易鸡舍的修建

简易鸡舍的搭建地点可选在果园、山地的背风向阳、相对地势较高处，以坐北朝南的方式搭建。搭建简易鸡舍所需的材料都是山村常见的，比如木板、稻草、油毡及石头等，地板用水泥砌成便于清扫，墙可以用石头堆积而成，鸡舍顶部用稻草围扎而成，盖一层塑料膜用铁丝捆起来以防漏水。鸡舍的形状可以多种多样，如长方形、圆锥形等，鸡舍的大小要根据鸡的日龄而变化，鸡舍的构成材料与搭建方式决定了鸡舍的大小可以随时变化。鸡舍的要求是能遮风避雨，可以方便清扫、控制温度，鸡舍内外无积水，内部安装照明灯、食槽和饮水器等。一般来说鸡舍的棚顶高度达 2 米即可，四周墙壁高度为 1.6 米为宜，鸡舍的大小与长度根据鸡群大小而定，一般来说以每平方米容纳 20 只鸡左右为标准搭建。最好在鸡舍旁边搭建值班室与仓库，便于管理。山地中也可以搭建简易棚，便于遮蔽风雨和避暑。

（三）普通鸡舍的修建

普通鸡舍的建筑结构较为简单，可稍加修饰而成。一般而言，顶棚可以修建成斜坡形，坡面向南，北面为一道 2 米高的墙，东西两侧可以构造两面大窗户，门口设在南侧且装一面大窗户。普通鸡舍的大小可以为 16 平方米左右，这种大小可以保证鸡舍内部的空气流通，也利于鸡群充分吸收阳光，保暖性较好。普通鸡舍建设在果园中，利用半开放式饲养，使鸡与果园的发展相得益彰。在鸡舍附近设置沙坑，鸡喜欢在沙地运动。如果鸡采用的是网上平养，可以用木材构造 70 厘米的高床，上面铺垫塑料网片；如果采用的是地面平养，饲养密度为每平方米 10 只，用稻草和木屑作为垫料。

（四）塑料大棚鸡舍的修建

塑料大棚鸡舍是利用塑料薄膜将鸡舍露天的部分全部包起来。薄膜有着良好的透光性与密闭性，可以将鸡舍内部的能量与阳光辐射产生的能量保存起来，以提高棚舍内部的温度。塑料大棚鸡舍有利于鸡的正常发育，为鸡在小环境内创造了适宜的温度，避免热能的浪费，并且降低鸡的能量消耗，让鸡本身的能量更多地用于生长发育。

塑料大棚鸡舍分为四个面，左右两侧及后侧为墙壁，前面是鸡舍的门。鸡舍的顶棚前坡用竹竿架成弧形，覆盖一层塑料薄膜即可，成为三面为墙、一面为塑料薄膜的起脊式鸡舍。鸡舍墙壁为夹层，厚度在 10 厘米左右，可用石头、土或者砖砌成。棚顶后坡可用稻草泥土铺盖而成，覆盖一层塑料薄膜。鸡舍棚顶到地面的高度为 2.3 米左右，后墙高度为 1.4 米。棚脊到后墙的距离为 4 米。塑料薄膜与地面接触的区域要压紧，以防漏风或者被风吹走。在薄膜上每 50 厘米的距离用铁丝将薄膜捆扎住，棚舍内的高度要比室外地表高 30 厘米左右，保证排水畅通。墙左右两侧，最好设置 0.8 米×1 米的窗户，门应该向外敞开，棚内设置照明灯。

（五）开放式网上平养无过道鸡舍的修建

这种鸡舍适用于育雏期和育成阶段的鸡，鸡舍内部的前后跨度设置为 8 米，左右两侧各设置窗户，窗户的大小大致为 1.5 米×1 米。舍内用铁网人工分成许多小的区间，小区间设置大门，以便饲养员的管理，各区间的门宽度为 1.2 米，在高 70 厘米处架设塑料网片。

（六）利用农舍等改建的鸡舍

利用旧农舍改造成鸡舍，可以降低养殖成本，达到综合利用的目的。旧农舍窗户小，通风性能差，农舍整体较为矮小，所以在改造的时候要充分考虑这些不足，尽量扩大窗户，使空气流通、阳光充足。农舍改造后要有良好的排水性能，保证舍内干燥；同时要将舍内的地面垫高，可以用煤渣、泥土混合铺垫而成。

六、养殖设备和用具

（一）增温设备

增温设备的主要目的是为鸡群提供适宜的温度，只要能达到加热控温的目的，电热器、煤炉、热风炉等方式均可使用。现代养鸡的增温设备比较受欢迎的有如下两种：

1. 控温育雏伞

育雏伞可以用铁皮、铝皮或者木板等材料制成，也可用钢筋骨架和布料制成，热源可以使用电热丝或者电热板，也可以用热效率高的远红外管。控温育雏伞采用印刷线路，其体积小，避免了一系列错误，保证了稳定性与可靠性。保温材料用耐温防水织物密包，防止残渣漏屑被雏鸡误食，更方便消毒冲洗。

2. 地下烟道式育雏舍

这种方式对于中小型鸡场和较大规模的鸡场较为适用。它由砖或者土坯砌成，结构可以根据鸡舍大小而定：育雏舍小的可以采用田字形环绕烟道；育雏舍规模大的则可用长烟道。烟道进口应该最大且位置最低，往出口处逐渐变小、变高，便于暖气流通和排烟。

3. 燃气加热器

燃气加热器在国外是利用煤气和天然气，燃烧产物为二氧化碳和水，因此比较环保，但是现在提倡建设资源节约型社会，因而这种方法势必会被取代。在规模较大的养鸡场，可以利用鸡粪发酵产生甲烷气体。甲烷是可燃气体，燃烧产物为水和二氧化碳，既可以达到环保效果，又能将鸡的排泄物循环利用，节约成本。燃气加热器可分为筒式、伞式和罩式。根据功能可分为悬挂式和可移动式。加热器可悬挂于过道或者鸡笼上方。

（二）食槽和食盘

1. 食槽：食槽可由 5 块木板钉成，从侧面看呈梯形。根据鸡的大小而制定食槽的大小及深浅。小食槽底面宽为 6 厘米左右，食槽高度为 5 厘米左右，开口处宽至少为 10 厘米；大食槽深度要达 10 厘米，开口处长度至少为 70 厘米。槽上安装一层盖料隔，防止鸡在食槽内拉屎。食槽的形状对鸡采食量有较大的影响，食槽深度不够易造成饲料浪费。

2. 食盘：食盘高度约为 3 厘米，食盘要配置盖料隔，食盘不能漏饲料，可用塑料、橡胶或者木头制成。育雏阶段的小鸡宜用小食盘，雏鸡占有食槽长度约为 4 厘米，3 周后可用大食槽，每只鸡所需要的长度为 8 厘米。

（三）饮水设备

1. 开放型饮水设备

开放型饮水设备分为水槽、塑料真空饮水器、普拉森饮水器、水盆和带杯乳头饮水器等。但是适应生态养鸡的实际情况的开放型饮水器只有如下三种：

（1）水槽

水槽如同料槽，可以用塑料或者铁皮制成。水槽可以用于网上平养和笼养，悬挂在鸡笼或者围栏前，也可以将水槽用铁丝网罩住后放于地面。鸡可以将头伸过栅栏或铁丝之后饮水。水槽用长流水的方式供水，易清洗，耗水量大，结构简单，成本低廉。

（2）塑料真空饮水器

塑料真空饮水器由贮水桶与盛水盘两个部分组成。贮水桶可以由塑料制成，材料的密封性要求很好。盛水盘与贮水桶的接口处有半径为 1 厘米的水孔出水，水孔的最高处不应该超过盛水盘的高度，否则会导致水溢出。塑料真空饮水器有 1.4 升、2.7 升、3.6 升、5.4 升等规格，适合各种日龄的鸡。

（3）水盆

水盆类似于水槽，用铁丝网盖好后即可，加入干净的饮用水即可使用，一般用于成年鸡。水盆可以用铁皮、木头或者塑料制成。成本非常低廉。

2. 封闭性饮水器

封闭性饮水器无开放的水面，很难被污染，对于鸡群疾病的防控非常有效，并且耗水量低，几乎不用清洗。但是封闭性饮水器的造价非常高，不符合生态养鸡的实际情况，所以不推荐使用。

（四）育雏鸡笼

育雏鸡笼宜使用叠层式鸡笼。一般鸡笼规模为 4 层 8 格，长度在 180 厘米左右，高度为 165 厘米，深度约为 50 厘米。每个鸡笼单笼的大小为长 87 厘米，深度为 45 厘米，高 24 厘米，每只单笼的饲养数量约为 15 只。

（五）栖架

鸡在天黑前喜欢在高处栖息，这是鸡的习性。如果没有高处栖息，鸡会匍匐在地，影响鸡本身的健康。栖息架可以钉在墙壁上，也可以做成梯子形状倚靠在鸡舍。

（六）人工光源

光在鸡的生长发育过程中起着重要的作用，光照的充足与否直接决定了鸡的性成熟时间，也对蛋鸡产蛋性能有着重要的影响。因此做好人工光源的准备，对鸡的饲养，尤其是冬天光照时间短的情况下有着重要意义。

1. 光源种类

光源分为自然光源与人工光源。自然光源即阳光，这是生态养鸡中使用最多的光源，日照时数是随着季节的变化而变化的，不可控制。人工光源是指电灯、蜡烛、油灯等。电灯分为白炽灯、汞蒸气灯、荧光灯等；白炽灯安装简便，成本低，使用较为广泛，但是白炽灯的发光效率低、灯泡不耐用；汞蒸气灯发光效率高，性能稳定，但是使用时需要长时间预热，而且易使鸡群受光照照射程度不均匀；荧光灯发光效率非常高，寿命也很长，但是价格高，发光强度受温度影响大，不建议养殖户使用。生态养鸡一般来说还是推荐使用白炽灯。

2. 灯泡安装

灯泡的高度最少要比饲养员的身体高，既要不妨碍饲养员的日常工作，也要方便饲养员对灯泡的清洁，一般灯泡离地面高度为 2 米；灯泡间距离设置在 3 米左右；灯泡与外墙的距离设置在 1.5 米左右；如果有多排灯泡，应该交错排列使鸡群充分享受光照。

灯泡安装好后应该安装灯罩，利用凹凸镜原理增强光照强度，灯罩的形状可以为扁平形或者碟形圆边，灯罩直径为 30 厘米左右。

（七）通风设备

1. 吊扇

吊扇产生的气流形式适合鸡舍内部的空气循环，气流由上到下将鸡舍内部的温度调节均匀；径向轴对称的地面空气可以到达鸡舍的所有位置。电扇功率大可以达到快速降温的效果，冬天还可以利用吊扇在鸡只所在处使空气循环，祛除氨气，保证舍内干燥和空气清新。

2. 风机

风机所产生的气流流动方向应该与鸡舍的长度方向平行。夏季降温用的风机，可以使用大中型的农牧用轴流式风机如 94FT1400 风机。风机的安装位置应该集中在鸡舍排污口一段的山墙上，进气口设在风机相对一段的山墙上，其余部位全部关闭。进气口的阻力越小会使排风量越大，气流越通畅。一般而言，进气口面积约为鸡舍横断面积或者风机风扇面积的 2 倍。

3. 水帘

水帘是利用水蒸发吸热的原理来使鸡舍内部空气流通而达到降温目的的设备，它由蒸发水帘和排风机构成。水帘通过流水将内外空气隔离，然后用排风机进行抽气，使鸡舍内部形成负压，引起外部空气沿着压力差进入鸡舍内部。当外面的高温气体进入鸡舍内部时要经过水帘，由于水帘中的水吸收高温空气中的热量而蒸发，使进入鸡舍内部的空气温度降低。

此外，开放式鸡舍主要利用自然通风，这种方式的优点是成本低，过程较为麻烦，主要是根据天气情况来开闭门窗。外界风速大或者鸡舍内外的温度差较大都会引起自然通风，当两种情况不存在的时候，鸡舍内外不会自然形成气压差，还需借助通风器来产生气流。

（八）疾病防控常用器具

鸡场内部一般对于疾病的防控理念都应该为"防大于治"，因此在考虑疾病防控的器具的时候也要按照这个理念来进行充足的准备。首先，鸡场要有消毒器具，常用的消毒器具有三种：干热灭菌器，利用强光辐射或者远红外线而达到消毒杀菌的作用；高压蒸汽灭菌器，利用饱和蒸汽压，在灭菌器内部形成巨大压力而迅速可靠地进行灭菌消毒；过滤除菌用的器械，这种器械是利用物理方法将空气或者液体中的细菌阻挡，从而达到除菌的目的，常用的滤菌器有石棉滤菌器、陶瓷滤菌器、薄膜滤菌器等。其他的消毒器具还有农用喷雾器、气泵。在免疫和治疗的时候还需要准备注射器、刺种针，其中注射器可以使用连续性注射器，以节约成本。

第五章　果园山地散养土鸡
营养与饲料配合

一、果园山地养鸡的采食特点

1. 杂食性

由于生态养鸡所选的鸡品种都是土杂鸡或者适应性较强的地方鸡品种，它们觅食能力非常强，对食物的喜好也较为广泛。在自然条件下，鸡喜欢觅食嫩草、昆虫、果实和蚯蚓等。条件较好的地方，可以利用当地丰富的生态资源进行饲喂。鸡放养的时候可充分猎取自然环境中的食物，减少了精料的消耗量，成本较低。

2. 喜欢粒状食物

放养鸡喜欢啄食粒状食物，研究表明，鸡喜欢啄取 3 毫米左右的饲料颗粒，直至饲料粉末，所以在生态养鸡补料时要注意控制饲料的颗粒大小，可以满足鸡的采食习惯和营养需要。

3. 同步采食

放养条件下，鸡喜欢群体生活，觅食饮水也都是在白天完成，天气寒冷或者有其他影响鸡放养的因素时应当适当补料，雏鸡每天要在自然环境中采食多次，但是也要适当进行光照补料。随着鸡日龄变大，鸡的采食次数会逐渐变少，采食开始延长。在成年土鸡阶段，日出后与日落前是光照的高峰期，在此段时间要注意给鸡进行补料，还要供应足够的饮用水，满足鸡的生产需要。

二、鸡的营养需要

生物所必需的六大营养物质为水、碳水化合物、蛋白质、脂肪、维生素和矿物质。这六种营养物质对于绝大部分生物而言缺一不可，鸡在饲养过程中一定要考虑这六种营养物质的均衡，要充分认识到这六种营养物质的重要性。

（一）水

1. 水的重要性

（1）水是动物机体的主要成分：水是动物细胞的主要结构物质。胚胎时期的含水量可以高达 90%，出生动物的含水量可达 80%，成年动物会有所降低。根据研究表明，鸡的含水量约为 74%，含水量随着日龄与体重的增加而减少。

（2）水是一切化学反应的介质：水参与体内的新陈代谢，如水解、水合、氧化还原反应、有机物合成及细胞呼吸等。这些反应的酶都需要在水的结合下才能发挥其本身的功效。

（3）水是理想溶剂：各种营养物质的吸收、运输等都需要水的参与。水的化学性质与食物进入机体的形式决定了水的这一用途。多数细胞质是胶体与晶体混合物，水的重要性由此体现出来。水可以在胃肠道中作为转运食糜的媒介，可以运输机体内的营养物质，参与机体废物排泄。

（4）调节体温：水的比热容大、导热性能好，又可以蒸发散热。所以对于恒温动物而言，水是调节体温的重要因素。血液的流动速度、出汗散热等都可以控制机体温度。

（5）润滑作用：动物关节内部、组织器官间等部位存在组织液，它们的存在可以减小摩擦力，保护机体组织健康。

2. 鸡体内水的来源

鸡体内水的来源分为三种：饮水、饲料水和代谢水。饮水是鸡体获得水的最主要来源，动物饮水是由外界环境决定的，如温度、健康状况等。一般在鸡适应的范围内，温度升高必然导致饮水量上升，如果存在热应激则饮水量会大幅度提高；饲料水是鸡采食食物后，食物中所含的水分，这也是鸡的体内水的重要来源；代谢水是鸡新陈代谢过程中所产生的水，在鸡体内重复使用后满足基本需要的一部分水。

3. 鸡的需水量

家禽体内的蛋白质代谢终产物为尿酸，经过尿排出的水非常少，所以禽类的相对饮水量较小。一般来说鸡每天所需的水量为0.2～0.4升。

（二）碳水化合物

碳水化合物来源丰富、成本低廉，饲料中的碳水化合物主要是指淀粉与其他的一些糖类物质，是鸡生产的主要能量来源，是维持鸡体内温度和提供鸡运动能量的原动力。碳水化合物不仅可以贮能与供能，还能参与鸡体内的各种生化反应与生理调节，如与蛋白质合成糖蛋白，功能极其丰富。

（三）蛋白质

除了水以外，鸡体内的许多组织器官的主要成分就是蛋白质，如肉、羽毛、血液等，鸡蛋的蛋白质含量也极其丰富。蛋白质是保证鸡快速生长，健康发育的重要前提。缺乏蛋白质会导致产肉性能与产蛋性能明显下降，导致养殖户的经济效益下降。

（四）脂肪

脂肪是鸡的另一重要的能量来源。只有当鸡体内的碳水化合物等能量物质不足的时候，机体才会分解脂肪供能以满足机体维持正常代谢水平的需要，所以在配制饲料的时候往往不用考虑脂肪。

（五）维生素

维生素分为脂溶性维生素与水溶性维生素，它是生物体内新陈代谢所必需，但需要量极少的一类物质。缺乏某一类维生素或者维生素过量会导致鸡出现相应的疾病或者不良反应。在配制饲料的时候必须按照一定的量添加，否则会导致鸡的健康受损。

（六）矿物质

矿物质是饲料中的一大无机营养物质。科学家确认的动物体组织中含有45种矿物元素，但是不是每种元素都能起作用。鸡的日粮中所需的矿物质分为常量元素和微量元素，这些矿物质约有14种。常量元素包括钙、钠、钾、镁、磷、氯和硫，它们在鸡的生长发育过程中需要大量摄入，否则会导致鸡的生长发育迟缓或者发育不正常。微量元素包括铁、铜、锰、锌、钴、硒和碘等，相对于常量元素而言，微量元素的需要量极少，按万分之几的比例来添加。一般来说，在生态环境中放养的鸡不会缺乏微量元素，如果缺乏可以在补料时添加相应的元素即可。

三、鸡常用饲料原料

（一）能量饲料

能量饲料主要为鸡提供生长和生活必需的能量，根据饲料分类标准，能量饲料的定义为：干物质中的粗蛋白含量低于20%，粗纤维低于18%的饲料便可以称为能量饲料。能量饲料根据其来源可以分为如下几种类型：

1. 块根类

块根类常见能量饲料有甘薯粉和木薯粉及其干木薯渣等。甘薯粉由甘薯块根晒干制粉而成，代谢能为11.80兆焦/千克；木薯粉无氮浸出物达78%，代谢能值约为11.72兆焦/千克，但是该饲料的蛋白质含量低、质量太差。

2. 谷实类籽粒加工后副产品

（1）米糠：米糠是稻谷收割后，经过去壳加工后的残留物。米糠包括统糠、米糠、米糠饼。统糠是稻谷直接碾成白米时分离出来的壳、种皮等混合物，含有非常高的粗纤维，其粗蛋白含量很低，代谢能值为2.09～3.35兆焦/千克；米糠是糙米加工成白米的时候磨出来的米皮、胚和糊粉层三种物质的混合物，代谢能为10.88兆焦/千克左右，不耐久存；米糠饼脂肪含量低，代谢能值低，蛋白质含量高，可长期贮藏。

（2）小麦麸：小麦麸是小麦制面过程中产生的残留物，包括小麦的种皮、糊粉层、胚乳等成分，代谢能值低，蛋白质含量高。由于麸皮纤维素过多，用量要控制在10%以下，否则会导致鸡腹泻。

3. 谷实类

（1）玉米：玉米的淀粉含量高，无氮浸出物达83%，代谢能值高，营养成分的消化率高，含有的纤维素量少。鸡喜欢食用玉米，作为能量饲料在日粮中的比例可以控制在50%～70%，是比较常用的能量饲料。

（2）小麦：小麦的能量值仅次于玉米，含有丰富的淀粉，蛋白质含量参差不齐。小麦中的赖氨酸与色氨酸比玉米高，缺乏维生素A和维生素D。小麦的使用量：雏鸡3%，育成鸡6%，成年鸡10%，用量过多可能导致消化道食糜黏性提高，引起机体不适。

（3）稻谷：稻谷是鸡比较喜欢食用的一类能量饲料，但是代谢能值低，约为10.88兆焦/千克，粗纤维含量高，比较适用于生态养鸡，作为能量饲料在日粮中的比例一般为10%～30%。

除了上述几种能量饲料之外，还有燕麦、高粱和大麦等农作物均可以作为能量饲料，但是就综合代谢能、适口性及副作用而言，这些能量饲料不作推荐。

4. 加工糟粕类

养鸡常见的糟粕类能量饲料包括酒糟、糖蜜和甜菜渣，三种不同的糟粕类饲料的营养价值有差异。

酒糟和甜菜渣的纤维含量较高，用得比较少；糖蜜是制糖过程中产生的副产品，蛋白质含量非常少，在日粮中不宜添加过多，否则会引起鸡发生便软的现象。

（二）蛋白质饲料

干物质中粗蛋白含量达20%以上的饲料属于蛋白质饲料，这类饲料含有较低的纤维素，容易被消化，也有能量饲料的特点。蛋白质饲料可分为植物性蛋白饲料与动物性蛋白饲料。

1. 植物性蛋白饲料

(1) 饲用豆科籽粒

这些豆科籽粒包括黑豆、大豆和豌豆等。鸡如果生吃这些食物，有可能会因为籽粒内含有有毒物质导致身体受损或者使营养物质没有被充分吸收。在食用前应当放入沸水中加热3分钟，破坏有害物质的化学结构。

(2) 油粕类

油粕类包括豆粕、花生粕、棉籽粕、菜籽粕和葵花籽粕。豆粕：富含赖氨酸、烟酸和硫胺素，是植物性蛋白饲料最优良的原料，在沸水中加热3分钟后使用可以去除豆粕内的有害物质。花生粕：花生粕是花生压榨之后的剩余物，有着很高的代谢能，但是蛋氨酸和赖氨酸含量较低，还容易感染黄曲霉，不能长时间贮存。棉籽粕：棉籽粕的产量高，蛋白含量可达32%～37%，棉籽粕所含的棉酚要经过一定的处理才能当作饲料使用，否则会引起鸡中毒。处理之后的棉籽饼酚含量低，日粮中使用的比例为5%～10%。菜籽粕：本身含有芥子硫苷，水解后能产生有毒物质，雏鸡不能食用菜籽粕，育成鸡食用比例为3%～4%，成年鸡也不能食用超过5%。

2. 动物性蛋白饲料

(1) 鱼粉：鱼粉富含赖氨酸和含硫氨基酸，其他种类的氨基酸含量也较为丰富。不仅如此，鱼粉还富含维生素B，以及钙、铁等无机营养物质，高质量的鱼粉蛋白质含量在60%以上，代谢能为12.13兆焦/千克，鱼粉是养鸡的最好蛋白质饲料。

(2) 肉骨粉：主要由动物骨头、内脏和肌肉等部位干燥制粉而成。氨基酸组成不佳，缺乏赖氨酸和色氨酸，组分蛋白含量不稳定，但有较多的钙与磷。在日粮中的用料比例在5%左右，使用时需要补充赖氨酸和色氨酸等。

(3) 血粉：血粉是屠宰场的副产物，蛋白质含量高。但是鸡不喜欢食用血粉且消化率低，氨基酸含量不均衡，精氨酸与色氨酸含量很低，异亮氨酸非常缺乏。血粉用量宜为日粮的 2%～3%。

（4）羽毛粉：是动物屠宰后，羽毛经过干燥制粉而成。蛋白质含量可达 86%，缺少钙与磷，富含硫、钾、氯等矿物质元素和多种氨基酸，但是缺乏赖氨酸与蛋氨酸，在日粮中的比例为 3% 左右。

（5）蚯蚓：放养过程中，鸡可以在生态环境中采食。活蚯蚓的粗蛋白含量在 41% 以上，营养价值非常高。农户也可以自行喂养蚯蚓以供鸡食用。

（6）蛆、虫类。

（三）青绿饲料

青绿饲料指诸如野草、野菜、树叶以及非淀粉物质的块根块茎瓜果类等绿色植物，天然水分含量至少为 60%。在生态环境中的含量丰富，种植成本很低，简单处理后即可给鸡食用。青绿饲料含有丰富的蛋白质、维生素以及矿物质元素，营养价值高，鸡喜欢食用。

（四）矿物质饲料

1. 钙

（1）石膏：可由天然石膏粉碎而成，石膏的钙含量在 20%～30%，使用前要先鉴定所用石膏的含钙量。

（2）碳酸钙：碳酸钙也可由石灰石直接制成，质量较好的碳酸钙纯度可以达到 95% 以上，含钙量至少为 38%。

（3）石粉：由石粉块粉碎而成，石粉是由碳酸钙与碳酸盐混合而成的无机混合物。含钙量在 36% 左右。

（4）贝壳粉：由水生生物的贝壳粉碎而成，含钙量可达 33%。在雏鸡与育成鸡的日粮中添加 1% 左右，蛋鸡对钙的需要量大，因此可以添加 6.5% 左右。

2. 磷

（1）磷酸二氢钙：可以由脱胶骨粉溶于烟酸，加入碳酸钙制成，也可以通过将磷酸液加入碳酸钙制成，含磷量非常高。

（2）骨粉：骨粉是常见的磷饲料，含磷量约为10%。可以通过骨粉高压加热压榨而成。骨粉的使用量在日粮中的比例约为2%。

3. 食盐

食盐的成分是氯化钠，由于植物性饲料的钠的含量很低，所以要用食盐补充，保证机体需要。氯化钠含量高，会导致鸡粪便变稀，降低鸡的生长速度和产蛋能力；氯化钠含量过低则会导致鸡精神萎靡，采食量降低。所以食盐的使用量要在适宜的比例上进行添加。

4. 微量元素

一般微量元素的需要量很少，在生态放养的过程中基本上不缺乏微量元素。生产中需要了解几种补充微量元素的饲料以备不时之需。常见的微量元素饲料有麦饭石、膨润土和沸石等。

四、生态养鸡饲料开发

（一）干草粉

干草粉是由豆科植物与禾本科植物的干草制粉而成，树叶粉也可以叫作干草粉，树叶粉一般由洋槐叶、紫穗槐叶制粉而成。豆科干草制成的草粉含有丰富的蛋白质、胡萝卜素及矿物质等，在冬天可以充当维生素饲料以防止鸡缺乏维生素。甘草粉与其他饲料混用时，用量要由少慢慢变多，给鸡一段缓冲期，让鸡适应干草粉，肉鸡的用量可占日粮比例的2%左右，蛋鸡的比例可以在3%～5%，雏鸡酌情使用。调制优良的干草粉，必须保持干草的绿色，有清香味，要防止干草粉霉变，一经风干便可加工而成干草粉。

树叶制粉的原材料不宜用新鲜树叶，应该使用刚形成的落叶，收集落叶后要立即制粉。

（二）松针粉

松针粉是将松树的幼嫩枝条和针叶收集起来，通过干燥制粉而成，是近年来人们发掘的一种高营养价值的畜禽饲料添加剂。松针粉当作饲料添加剂直接饲喂鸡，可以降低饲料使用量、节省成本，对鸡的生长发育、增强抗病力和提高繁殖性能有明显的促进作用。

松针粉可以由马尾松、黄山松、黑松、赤松、落叶松、油松、樟子松、云杉和冷杉的树叶加工制成。松针粉富含氨基酸、生长激素与微量元素，可以有效地刺激产蛋母鸡生殖系统的排卵功能，增加产卵、排卵的次数和周期，可以有效地提高产蛋率；松针粉同时富含抗生素与维生素，可以提高鸡的抗病力，提高雏鸡的成活率。

在饲养蛋鸡的过程中添加该饲料能获得较好的效果，据实验分析，在蛋鸡日粮中添加 5% 的松针粉可以有效提高鸡的产蛋率，相较于未食用松针粉的鸡，其产蛋率可提高 8.1%。在雏鸡日粮中添加适当的松针粉可以使雏鸡的成活率提高七个百分点，生长期也可以缩短 10 天左右。食用松针粉可以有效降低饲料的消耗量。

（三）育虫喂鸡

育虫喂鸡法既可以降低养殖过程中的饲料消耗量，又可以使鸡饲料中富含蛋白质。这种饲喂方法可以提高雏鸡的生长速度，整体提高鸡的产肉性能和产蛋性能。育虫有如下方法：

1. 牛粪育虫法

将收集到的新鲜牛粪晒干，然后混入少量的酒糟、鸡毛和杂草等，再用水调制成糨糊状，堆成高 1 米、宽 1.5 米、长 1.5～3 米的育虫堆。在育虫堆顶部盖上稻草或者秸秆，然后在堆表面涂抹一层稀泥。半个月以后便可在育虫堆里面生长很多虫子，这种虫子可以充当鸡的食物。在鸡将虫子食用完后，再添加原料循环利用。

2. 豆腐渣育虫法

将豆腐渣放入大缸中，添加一定的米汤或者淘米水，在空气中放置两天，然后盖上。几天后就可以生长出许多蛆，蛆是高蛋白生物饲料，对鸡的生长发育有很好的促进效果。蛆虫吃完以后，仍然可以循环使用，继续生产蛆虫。

3. 酒糟育虫法

将酒糟与鸡粪、猪粪混合在一起，添加70％的水分，平铺在地面形成高度为15厘米的育虫堆，不定期往育虫堆上洒水会引起苍蝇在上面产卵孵化，在育虫堆上面铺撒剩饭残羹、废弃的肉末效果会更好。生蛆培养料要经常翻动以防霉变，用过的培养料还可以养鱼、喂猪。一般5天左右就会产生蛆虫，可以让鸡在育虫堆上自由采食。30日龄以内的雏鸡采食量约为1.5克，60日龄左右的鸡采食量约为7克，产蛋鸡每日采食量要保持在20克以内。

4. 鸡粪育虫法

将鸡粪收集好后，晒干制成粉末，然后混入少量米糠或者麦麸与稀污泥混匀堆成小堆，用稻草盖住。每天在育虫堆上不定期洒水，半个月后可以生长很多小虫，可以让鸡自由采食。当鸡采食后，再堆好进行洒水培育，3天后又可以产生小虫。可以连续这样采食4次左右。

5. 秸秆、稻草育虫法

在养鸡场较为潮湿的地方挖一个30厘米深的坑，在坑底用稻草铺垫，然后将杂草或者酒糟、麦麸加水拌匀填入坑内。坑里每天洒1次水，用土盖好，气温较高时半个月就能产生小虫供鸡食用。

（四）蝇蛆喂鸡

蝇蛆是家蝇繁殖的幼虫，是优质的动物性生态蛋白饲料，饲喂效果与进口鱼粉的效果相当。蝇蛆及蛹的营养价值很高，干品的粗蛋白含量可以高达65％，粗脂肪含量为11％～13％。研究表明，食用10％的蝇蛆粉的蛋鸡比食用鱼粉的蛋鸡产蛋率提高了20.3％，饲料报酬提高15.8％。

1. 种蝇的饲养

家蝇的饲养分为种蝇与蝇蛆两个方面。种蝇的养殖是为了获得更多虫卵，培育更多的蝇蛆以供鸡食用。

种蝇容易到处乱飞，必须将其限制在特定的饲养环境中，如笼中。一般养殖种蝇的笼大小为 65 厘米×80 厘米×90 厘米，笼外必须套上细孔的纱窗或者钢丝网。每个笼中要配置一个饲料盆与饮水器，每个笼可以养育四五万只家蝇。种蝇的食物可以用臭鸡蛋或者用蛆磨碎拌入酒醛母制成。家蝇养殖的适宜温度为 24℃～30℃，相对湿度保持在 50％～70％。种蝇的培育是将蛹化的蝇蛹洗净放入笼中，等到其羽化再进行投料和喂水，种蝇交尾后 3 天放入产卵缸内，缸内的引诱料高度为缸的 2/3。引诱料为麦麸或者饲料，加入少量稀氨水调制而成。

2. 蝇蛆的培育

蝇蛆如果饲养量很小的话，可以用盆或者缸进行喂养。如果规模大可以在地面砌成长 1.2 米，宽 0.8 米，高 0.4 米的池，墙壁用水泥做成。幼虫的原料可以是酒糟、糠糟、豆腐渣等。这些原料拌入 70％的水，将 pH 固定在 7 左右制成培养基。培养基的添加量按每平方米 35 千克为宜。蝇蛆的接种密度为每平方米 25 万粒左右，在 30℃的温度下培养几天，根据实际情况进行补料。

蝇蛆幼虫在培育至一定程度后要将幼虫与培养基进行分离，然后将分离出来的幼虫当作饲料饲喂鸡。分离的方法有：（1）光照分离，蛆有怕光的特性，利用光直射蛆群，蛆往培养基底部游动后，拨开表面的培养料可以获得大量蝇蛆；（2）水分离法，将培养基与幼虫的混合物抛入水中，等幼虫浮上水面后捞出即可；直接将混合物投入鸡群中让鸡采食，采食完毕后将培养料清除。

（五）蚯蚓喂鸡

蚯蚓是生态养鸡的理想饲料，通过自行繁育蚯蚓以作养鸡的蛋白饲料，可以节省饲料成本，提高养鸡的经济效益。蚯蚓养鸡的关键在于蚯蚓的养殖，蚯蚓的养殖设备要求简单，方法容易，饲料要求不高。

1. 场地选择

蚯蚓喜欢生活在阴暗潮湿的环境中，所以蚯蚓的养殖环境必须根据其生活习性而定。一般而言要求蚯蚓的饲养场所要具备潮湿、安静、阴凉、通风、排水良好以及无污染、无天敌等特点，也可以将蚯蚓养殖在大型木箱或者花盆中。

2. 饲料配制

蚯蚓对饲料要求并不高，可以收集果园山地中的鸡或者其他家畜的粪便，也可以收集生态环境中的果皮树叶等作为蚯蚓的饲料原料。这些原料在给蚯蚓饲喂之前，必须经过发酵分解，变成无酸、无臭、无不良气味的物质。比如可以添加70%猪粪，20%青草和10%鸡粪，混合堆积发酵10天左右，待饲料变成黑褐色后便可以当作饲料使用。

3. 饲养管理

蚯蚓的投料分为底层的基料和上层的添加料，初次饲喂时，先在饲养容器内放入10～30厘米厚的基料，然后在饲养容器的一边，自上而下挖去宽5厘米左右的基料，在此处加入取自地下33厘米以下的泥土，将蚯蚓放入泥带，如果条件合适蚯蚓会很快进入泥土中。当基料食用完后，用块状料投喂。

蚯蚓虽然生活在泥土中，但是也需要足够的新鲜空气，所以在养殖过程中必须保证空气流通性能较好，保证蚯蚓正常的新陈代谢。蚯蚓喜欢食用细、烂、湿的饲料，通过皮肤吸收融解水中的氧分，一般饲料的含水量达到70%为宜，饲料酸碱度在5.5～7.8。蚯蚓的活动温度为5℃～30℃，但是温度在10℃以下时行动会变得相当迟缓，所以温度控制也很重要。

4. 蚯蚓的繁殖

蚯蚓是雌雄同体，异体交配的动物。人工养殖的蚯蚓50天即可成熟，蚯蚓2～5天内即可产生一个卵泡，内含1～7个受精卵，在气温适宜的情况下经过11～22天可以孵化成小蚯蚓。

5. 蚯蚓的收集

同样利用蚯蚓不喜光照的习性，在收集的过程中用光直射饵床，因为怕光蚯蚓会集体爬向饵床深处，这时刮掉表层的粪便将底部的蚯蚓全部取出，清除附着在蚯蚓身体上的饵料。

6. 蚯蚓粉的制作

将蚯蚓清洗干净放于洁净的石板上，用光直接照射，可以用薄膜将蚯蚓盖住避免空气流动，用窒息的办法加速蚯蚓的死亡。将死亡的蚯蚓晒干然后用机器制成粉末便可作为饲料添加至鸡的饲料中。

五、饲料添加剂

饲料添加剂是添加到饲料中的各种微量成分，添加这些微量成分是为了保持饲料品质、提高饲料的利用率、促进动物生长发育、提高动物的抗病力、减少饲料贮存期间营养物质的损失以及改进饲料加工性能与畜禽产品的品质。饲料添加剂可以分为两大类：营养性添加剂和非营养性添加剂。饲料添加剂的添加量虽然不是很大，但是作用非常重要。

（一）维生素添加剂

维生素是鸡生长发育过程中必需的一种营养物质，主要来源于青绿饲料。维生素分为脂溶性维生素（维生素 A、维生素 D、维生素 E、维生素 K）与水溶性维生素（维生素 B、维生素 C）。生态养鸡的过程中，尤其是在冬天，鸡在鸡舍内的时间较长时更需要补充足够的维生素，一般在放养时间较为充足的情况下不需要补充太多的维生素。大多数维生素在光照、湿热的情况下都会变性，因此在生产、运输和配制饲料的过程中都应该注意遮光与控温。

饲料如果是以玉米和大豆饼为主，则应该注意补充维生素 A、维生素 B_2、维生素 B_{12}、维生素 E、维生素 D、维生素 K 等。生产中如果需要补充维生素，尽可能使用多维维生素复合剂，这种复合剂是由生产商根据鸡不同生长阶段营养需要配制而成，满足各个阶段的营养需要。

（二）矿物质添加剂

动物所需的矿物质有 16 种，矿物质分为常量元素与微量元素。矿物质能调节渗透压，保持体内酸碱平衡，是身体组织器官的重要组成成分。对于放养时间较短的时期，要对鸡进行适当的矿物质补充。补充矿物质的时候要参考该地区的缺乏元素，如有些地区缺乏硒就要在日粮中适当补充硒以免鸡缺乏该元素而产生相应的临床症状；也要考虑鸡在相应阶段需要的矿物质元素，如鸡在产蛋过程中需要补钙，若钙的量不足会引起鸡蛋的蛋壳很薄或者无壳，雏鸡在生长阶段钙不足会发生软骨病。

（三）药物添加剂

药物添加剂是为了预防、治疗动物疾病，提高动物免疫力，让动物健康生长，改善饲料品质和利用率而加入日粮中的添加剂。主要有抗生素、合成抗生素和驱虫保健药物等，如土霉素、盐霉素等。

（四）微生物添加剂

微生物添加剂就是添加在鸡日粮中，对鸡有益的活菌制剂。按功能可将其分为微生物生长促进剂和益生素。微生物添加剂的特点就是安全无害、无残留、无潜在致病危害，更加不会引起环境污染。微生物生长促进剂如乳酸杆菌，可以促进肠道内有益菌大量繁殖，使其含量提高，生长过程中产生有机酸并且消耗氧气，抑制有害细菌的发育；益生素如酵母菌，通过产生各种消化酶和维生素等，提高饲料利用率，促使肠道营养物质更易被消化吸收。

（五）中草药添加剂

中草药添加剂是通过将自然界中的药物、矿石或者其他副产品综合加工而制成，富含多种营养物质和具有生物活性，起到营养物质与药物的双重作用，既可以防治疾病和提高生产性能，也可以直接杀毒灭菌，从而间接提高鸡的免疫能力。中草药是天然饲料，对于鸡而言适口性好，可以提高饲料利用率，节约饲料成本。中草药添加剂可以分为营养性中草药添加剂和非营养性添加剂。

营养性中草药添加剂含有丰富的氨基酸、微量元素与维生素等营养物质，这类物质可以充分补充氨基酸，保证维生素与矿物质的营养平衡。该添加剂可以提高饲料利用率，提高鸡的产肉性能与产蛋性能，降低饲料的使用量，降低饲料成本。

非营养性添加剂可以刺激鸡的生长发育，提高鸡的抗病力，维持动物体内的稳态。非营养性添加剂所含的物质包括：含有抗菌活性、杀菌作用的物质，比如大蒜中的大蒜素和藻类中的大鞘丝藻；含有免疫活性的物质，如花粉中的皂苷和蔗糖中的多糖等；含有有机酸的物质，这类物质降低消化道中的 pH 值，抑制消化道其他的致病细菌的繁殖；含有解毒与排毒的物质，如桂皮中的桂皮醛和大茴中含有的茴香醛等；含有未知生长因子与生物活性的激素与类激素物质，这类物质对于鸡的新陈代谢和生长发育都有促进作用。

六、鸡饲养标准与饲料的配制

鸡的饲养标准是根据中华人民共和国农业行业标准——鸡饲养标准（NY/T33—2004）制定的，其中蛋鸡的营养标准分为 5 个阶段：0～8 周龄、9～18 周龄、19 周龄到开产、开产高峰期（>85％）、高峰期后（<85％）；肉用仔鸡的营养分为 3 个阶段：0～2 周龄、3～6 周龄、7 周龄；肉用种鸡的营养标准分为 5 个阶段：0～6 周龄、7～18 周龄、19 周龄到开产、开产高峰期（>65％）、高峰期后（<65％）。只有将鸡饲养标准与实际情况结合来配制饲料，才能生产出满足自身养殖需要的优良饲料。由于生态养鸡的主要食物在自然环境中，因此只要设计好鸡的补料配方即可达到理想的养殖效果。在下面的内容中，我们对饲料的配制进行了举例说明。

（一）蛋用土鸡的饲料配方

（1）0～8周龄的生态蛋鸡饲料配方（表5-1）

表5-1　0～8周龄鸡补料配方

原料	比例（％）	营养水平	比例
玉米	52.03	代谢能	11.93（兆焦/千克）
小麦	8.00	粗蛋白质	19.00％
碎米	5.83	钙	0.90％
小麦麸	3.00	非植酸磷	0.48％
大豆饼	15.55	钠	0.15％
向日葵仁饼	5.00	氯	0.18％
鱼粉	6.72	赖氨酸	1.00％
苜蓿草粉	1.00	蛋氨酸	0.44％
无水磷酸氢钙	0.70		
石粉	0.87		
食盐	0.15		
蛋氨酸	0.08		
赖氨酸	0.07		
生长鸡预混料	1.00		
总计	100.00		

（2）9～18周龄放养蛋鸡补充饲料配方

这一阶段的配方为：玉米62.44％，小麦2％，碎米6％，小麦麸4％，大豆粕9％，棉籽粕2.27％，菜籽粕3％，向日葵仁粕3％，苜蓿草粉5％，磷酸氢钙0.85％，石粉1.08％，食盐0.29％，蛋氨酸0.01％，赖氨酸0.06％，生长鸡预混料1％。

（3）19周龄后到产蛋高峰期前

这一阶段的饲料配方可以为：玉米60％，豆饼20％，麦麸6％，鱼粉5％，棉籽饼3％，贝壳粉3.7％，骨粉2％，食盐0.3％。

（4）产蛋高峰期

这一阶段的补料配方可以为：玉米50％，豆饼20％，花生饼6％，棉籽饼5％，麦麸4％，鱼粉6％，骨粉2％，贝壳粉5％，血粉1.5％，食盐0.3％，蛋氨酸0.2％。

（5）产蛋高峰期后的补料配方

这一阶段的饲料补料配方可以为：玉米54.86％，碎米8％，小麦麸5％，大豆粕16.11％，花生仁粕2.28％，肉骨粉1％，苜蓿草粉2％，无水磷酸氢钙0.91％，石粉8.44％，食盐0.30％，蛋氨酸0.1％，蛋鸡预混料1％。

（二）肉用土鸡的饲料配方

（1）肉用鸡4周龄内饲料配方

这一阶段的鸡饲料配方可以为：玉米55.5％，四号粉7.0％，麸皮3.0％，豆粕21％，鱼粉3％，酵母粉2％，磷酸氢钙1.2％，石粉1％，食盐0.3％，鸡预混料1％。其中饲料中代谢能为11.83兆焦/千克，粗蛋白为19.5％。

（2）5～8周龄鸡的饲料配方

这一阶段的补料配方为：玉米58.5％，四号粉10％，麸皮3％，豆粕17％，鱼粉2％，玉米蛋白粉4％，酵母粉2％，磷酸氢钙1.2％，石粉1％，食盐0.3％，生长鸡预混料1％。其中该配方中代谢能为11.94兆焦/千克，粗蛋白含量为17.4％。

（3）9周龄至上市的补料配方

这一阶段补料配方可以为：玉米61.5％，四号粉10％，麸皮4.5％，豆粕11％，鱼粉1％，玉米蛋白粉4％，酵母粉2.5％，菜粕2％，磷酸氢钙1.2％，石粉1％，食盐0.3％，鸡生长预混料1％。

（三）配制饲料的注意事项

配制饲料的时候要满足鸡的日常营养需要与营养平衡，尤其是对于氨基酸而言，在配制饲料的过程中尽量采用更多种类的饲料原料，不仅可以满足鸡的营养需要，也可以使日粮中的氨基酸含量趋于平衡状态，提高了蛋白质利用率，节约成本，有些蛋白饲料如棉籽饼等要进行脱毒处理，提高日粮中的利用率。

配制饲料要考虑饲料的适口性，饲料形成坚实的块状结构或制成粉状，都会影响饲料的采食量。同时，在配制饲料的时候不能把量配得太多，饲料贮藏时间长会导致饲料的适口性降低，也会导致营养物质的流失，如维生素等，更不能使用劣质原料进行饲料的配制。

青饲料的用量一般在日粮中的比例为20%～30%，在冬季或者青绿饲料少的季节需要及时补充维生素，以防因维生素缺乏而产生相应的临床症状。

需要注意的是，在饲料配制过程中，配方中较少的成分必须先与少量饲料混合，然后由少到多慢慢掺入，逐渐加入到大量饲料中。

第六章　果园山地散养土鸡饲养管理技术

一、雏鸡的饲养管理

雏鸡饲养管理的好坏，对雏鸡的育成率和整个养鸡生产都有很大的影响，因此，在养鸡生产中，必须抓好雏鸡的饲养管理，提高雏鸡的育成率，提高养鸡经济效益。

（一）育雏方式

1. 地面育雏：这种育雏方式一般限于条件较差、规模较小的饲养户，该法简单易行，投资少，但需注意雏鸡的粪便要经常清除，否则会使雏鸡感染各种疾病，如白痢、球虫和各种肠炎等。

2. 网上育雏：南墙边、正中间、北墙边各留走道一条，每两条走道中间部分用小眼电焊网架起 60～70 厘米高，然后在网上用大眼电焊网（雏鸡钻不出去即可）围成南北宽 70～75 厘米，东西长 1 米，高 50～70 厘米的小格即可。这种方法 500 只鸡需 8.5～9 米长育雏室（雏鸡实用面积为 25 平方米）。这种育雏方法较易管理，干净、卫生，可减少各种疾病的发生。

3. 雏鸡笼育雏：购现成育雏笼，南墙边、中间、北墙边各留走道一条，在两条走道中间背靠背放两行育雏笼，共放四行（每平方米笼面积按 20 只雏鸡计算），这种方式是目前比较好的育雏方式，不但便于管理，还能减少疾病发生，而且可增加育雏数量，提高育雏率。

（二）育雏前的准备和雏鸡的选择与装运

1. 育雏前的准备

育雏室坐北朝南，南北宽内净数为5米，长按养鸡多少而定。高2.5米，有门，南面留有大窗户，北面留有小点的窗户，门窗可以开关。房顶用空心板加保温和防漏材料，地面坚实并用水泥砂石铺平，墙和顶用的水泥或石灰要抹平，以利消毒。

在育雏前1周，将鸡舍、鸡笼、用具等用福尔马林熏蒸彻底消毒，用"百毒杀""120"等消毒液对饮水器、料槽消毒后，清洗干净备用。在育雏前，用40%"百毒杀"与清水混合（1：600）或杀毒氨50克溶于50~100千克水中喷雾消毒，隔日用高锰酸钾、甲醛混合熏蒸（每立方米30毫升甲醛/高锰酸钾15克）封闭1~2天，通风1天，再用过氧乙酸或碘酒消毒剂喷雾消毒室内和室外环境1~2次。准备进鸡，进鸡后每周消毒地面、墙壁、室外环境1~2次。

备好添料、添水、清扫、消毒等用具，笼、食水槽、铲、炉等设备用具放室内，备料槽、水槽长度为3~5厘米/只鸡，育雏室走道上边离地2米，每隔1.5米安一个灯口，育雏室内要有充分的取暖设备，保证在最冷的时候能达到35℃（注意防失火和烟熏及煤气中毒危害），进雏鸡前1~2日内，加热室温达35℃以上，相对湿度保持在70%左右。

在笼底网上铺好干净无毒、无病原微生物的垫料。

2. 雏鸡的选择

挑选健壮的雏鸡，主要通过一看、二摸、三听。所谓"一看"，就是看外形大小是否均匀，是否符合品种标准；羽毛是否清洁整齐，富有光泽。"二摸"，就是摸身上是否丰满，有弹性。"三听"则听叫声是否清脆响亮。健壮的雏鸡一般表现为：眼大有神、腿干结实、绒毛整齐、活泼好动、腹部收缩良好，手摸柔软富有弹性，脐部没有出血点，握在手里感觉饱满温暖，挣扎有力。反之，精神萎靡、绒毛杂乱、脐部有出血痕迹等均属弱雏。

3. 雏鸡的运输

（1）运输车辆和雏鸡箱要用碘酒或臭氧消毒晾干，每箱雏数要适宜，不要过于紧密。

（2）运输车辆要有保温设备，雏鸡所在处温度在33℃～35℃，而且空气要新鲜。

（3）要有专人看护，检查温度、空气新鲜度及其他情况。

（4）行速要慢，特别是上下坡和不平的道路及起步和停车要慢。

（三）育雏环境的标准与控制

1. 温度

雏鸡调节体温的功能尚不完善，适应外界环境的能力差，抗病力弱、免疫功能差，容易感染疾病，对温度的变化敏感。育雏温度适宜与否可由雏鸡的状态来判断，温度适宜，雏鸡活泼好动、叫声轻快、饮水适度，睡时伸头舒腿，不挤压，也不散得过开；温度低，雏鸡聚集在热源周围，拥挤扎堆，很少去吃食，叫声不断；温度过高，雏鸡远离热源、张嘴抬头、烦躁不安，饮水量显著增加。

2. 湿度

湿度对雏鸡的生长发育影响很大，尤其对1周龄左右的雏鸡影响更为明显。如湿度过低，会使雏鸡失水，造成卵黄吸收不良；如湿度过高，则雏鸡食欲不振，易出现拉稀甚至死亡现象。随着雏鸡的生长，逐渐降低湿度。

3. 光照

适宜的光照可促进雏鸡采食、饮水和运动，有利于雏鸡的生长发育，达到快速增重的目的。

4. 密度

合理的饲养密度能给雏鸡提供均等的饮水、吃料的机会，有利于提高均匀度。密度过小，房舍利用率低，造成浪费；密度过大，会造成相互拥挤，空气污浊，采食、饮水不均匀等情况，导致生长受阻及疾病的传播。

5. 通风

通风是为了排出舍内的污浊空气，尤其是二氧化碳、氨气及硫化氢等有毒有害气体，良好的通风可以保持育雏室内空气新鲜。

（四）雏鸡的饲养和管理

1. 雏鸡的饲养

雏鸡开食前，先用 0.04％的高锰酸钾液饮水 1 次，用于消毒和排出胎粪，清理肠道。雏鸡开食即雏鸡第一次吃食，用雏鸡颗粒饲料饲喂，开始每日喂 5～6 次，对于体质较弱的鸡，黑夜要加喂 1 次，以后逐渐每日改喂 3～4 次。雏鸡料的营养指标：粗蛋白 18％～19％；能量 12122 千焦；粗纤维 3％～5％；粗脂肪 2.5％；钙 1％～1.1％；磷 0.45％；蛋氨酸 0.45％；赖氨酸 1.05％。雏鸡的用料量应根据实际饲喂情况而掌握。雏鸡饲喂一定要做到定时、定量、定质，并要保持清洁饮水。

2. 育雏温度

温度的高低对雏鸡的生长发育有很大的影响，因此必须严格掌握育雏温度。育雏温度要掌握这样一个基本原则，育雏初期温度宜高，弱雏的育雏温度应稍高，小群饲养比大群饲养高，夜间比白天高，阴雨天比晴天高。在实际饲养过程中，如果温度适宜时，雏鸡分布均匀，活泼好动；温度过低时，雏鸡缩颈，互相挤压，层层堆叠，尖叫；温度过高时，雏鸡伸舌，张嘴喘气，饮水增加。

3. 育雏湿度

如果室内空气的湿度过低，雏鸡体内的水分会通过呼吸大量散发出去，同时易引起灰尘飞扬，使雏鸡易患呼吸道疾病；如果室内空气湿度过大，会使有害微生物大量繁殖，影响雏鸡的健康；因此，育雏室内的湿度应保持在 65％～70％。

4. 保持正常的通风

育雏舍内二氧化碳的含量应控制在 0.2%，不应超过 0.5%。氨气含量要求低于 10×10^{-6}，不应超过 20×10^{-6}，H_2S 的含量要求在 6.6×10^{-6}，不应超过 15×10^{-6}。在通风换气时，要严防雏鸡感冒，要求做到在通风之前，先提高育雏室温，通风时间最好选择在中午前后，通风换气应缓慢进行。

5. 光照及饲养密度

光照：1～3 日龄全天光照，4～5 日龄 15～20 时/日；6～9 日龄 16～18 时/日；10～14 日龄 14～16 时/日；15～28 日龄 12～14 时/日；28～42 日龄 8～10 时/日。

饲养密度：1～2 周龄 30～40 只/米^2，3～4 周龄 25～30 只/米^2，5～6 周龄 20～25 只/米^2。

6. 断喙

雏鸡断喙时间一般是 7～10 日龄，为防止应激，在断喙前后 1 天在饮水或饲料中加维生素 K（4mg/kg）或加电解多维。

7. 雏鸡免疫

为防止雏鸡各种传染病的发生，应根据种鸡场提供的鸡免疫程序，做好马立克、鸡新城疫、传染性法氏囊、传染性支气管炎和鸡痘的免疫工作。

二、生长鸡、育成鸡果园山地放养技术

果园山地散养土鸡的生长期一般在 7～17 周龄。

（一）生长发育特点

在育成阶段的前期，鸡的肌肉、骨骼、内脏等大部分器官都会获得快速的增长，这时候鸡生长发育的速度非常迅速；育成阶段后期，鸡的体重增加量没有前期那么迅猛，这时候主要发育的是生殖器官，体内脂肪及沉积能力增强，骨骼生长速度变慢。由于鸡对光照的要求很苛刻，这一阶段要严格控制光照，也要确保鸡不能过量

食用饲料，以防体重超标。

（二）合理饲养

育成鸡相比雏鸡而言，适应性与抗病力得到了加强，但是始终只能在有限的范围内活动，所以在生态环境中所获得的食物不能满足其自身生长发育的需求时，需要对鸡进行补料。但是对鸡补料的量不能过大，否则会让鸡对饲料造成依赖，使饲料的消耗量增大，增加了养殖成本，同时如果蛋白质含量过大，会引起性成熟的提前到来，使鸡早熟、早产。要科学合理地进行补料。

1. 补料次数

一般来说生态养鸡的补料次数不能太多，更加不能让补料成为鸡获取食物的主要途径，这样会让鸡形成依赖而不去自然环境中觅食。在鸡舍周围的鸡，虽然获取补料的量最为充足，但是长时间的缺乏运动，也缺乏生态环境中的营养物质，因而生长发育慢且抗病能力也较差。因此补料的次数应该视实际情况而定，一般来说每天补料1～2次即可，如果碰到天气条件恶劣，鸡在自然环境觅食困难，则可以考虑增加补料次数。

2. 补料时间

补料时间最好安排在傍晚，鸡食欲最为旺盛的时期是在早晨和傍晚。为了让鸡去自然环境中采食，一般在早晨不进行补料或者象征性地抛洒少量饲料，如果早晨补料过足，鸡不会去野外觅食，从而影响全天的运动量与采食量；中午是鸡的主要休息时间，要让鸡有充分的休息时间且鸡也没有食欲，所以也不可以进行补料；傍晚鸡的食欲最为旺盛，补充的饲料可以在很短的时间内被鸡食取干净，避免了饲料的浪费。同时，在傍晚，饲养员可以根据鸡的嗉囊和鸡的食欲来判断补食量的大小，可以高效利用饲料。傍晚补充饲料的益处不胜枚举，如可以强化鸡对饲养员召唤信号的条件反射，补料后，鸡在栖息架上休息，使肠道对于饲料的吸收达到最佳状态。种种因素使傍晚成为鸡补料的最佳时机。

3. 饲料的品质与数量

根据其形态饲料可以分为粒料、粉料和颗粒料。粒料是没有经过加工的破碎谷物；粉料是经过加工的原料；颗粒料是将配合的粉料通过机器压制形成的颗粒状饲料。根据多年养殖经验得知，鸡喜欢采食颗粒状的饲料，所以一般给鸡补充颗粒饲料。这样可提高饲料的适口性，避免鸡挑食厌食，保证饲料的全价性。颗粒饲料的制作过程中，短期的高温可以破坏抗营养因子的结构，去除有毒成分，杀死病原体，饲料相对来说比较安全。虽然在制作过程中，会使饲料中的部分营养因子的结构破坏，但是总体而言颗粒饲料还是有非常大的优点，适合于这段时间的鸡饲养。

一般来说，育成阶段的鸡的补料量要视实际情况而定。在夏季动植物数量多，对于鸡而言食物也较为丰富，所以在傍晚补料时可以减少补料量；在冬季，生态环境中的动植物数量骤减，鸡在自然环境中获得的食物也会变少，所以在补料时应该提高补充量。一般补充饲料的量占鸡每日总采食量的 $1/3\sim1/2$。此外，在夏秋季节，昆虫较多的时候可以在鸡的栖息处挂紫光灯，可以吸引昆虫飞向灯泡处，从而让鸡采食昆虫。鸡的补料配方可以根据要求自行配制。

（三）鸡群观察

1. 鸡冠与肉垂观察

鸡冠与肉垂是鸡只健康程度和生产性能优良与否的重要标志。健康的鸡，其鸡冠一般呈鲜红色，如果鸡冠为白色则表明鸡只营养不良；黄色鸡冠表示鸡有可能患上了寄生虫病；紫色鸡冠一般是表示鸡有可能患上了鸡痘、禽霍乱；马立克病以及鸡生活环境温度过低会导致鸡冠变黑。

2. 精神状态观察

正常健康的鸡只的精神状态饱满，反应敏捷，活泼好动。病鸡会显得精神萎靡不振，翅膀下垂，羽毛蓬乱且缺乏鲜艳光泽，喜欢独处，不好动。出现上述症状，应该及时诊断鸡所患疾病，然后按要求处理。

3. 食欲观察

食欲旺盛说明鸡的生理状况毫无异常，健康无病。如果鸡的采食量突然下降，可能是因为饲料改变、饲养员变化或者鸡群受到惊吓而导致的；鸡只如果不采食表明可能已经患上疾病；饲料的适口性差或者搭配不当会导致鸡挑食。

4. 羽毛观察

如果鸡身上的羽毛减少而未见地表有羽毛存在，表示羽毛脱落后被其他鸡只吞食掉，这是由于鸡的饲料中缺乏硫元素导致的，应该在日粮中及时补充硫；鸡在换羽后、开产前及开产初期羽毛光泽鲜艳，如果羽毛暗淡无光是缺乏胆固醇所致，因此要补充相应的营养物质。高产鸡在产蛋后期的羽毛有不光亮、背部掉毛或者污浊无光等特点。

5. 鸡粪观察

产蛋期，鸡的肛门大部分会有被鸡粪污染的痕迹，但是停产后鸡的肛门清洁，不会存在污染现象。肛门附近如果有颜色异常粪便存在，或者有粪便黏附在肛门周围的羽毛上表示鸡可能患有疾病。

正常鸡的粪便为灰色干粪或者褐色稠粪，如果出现红色、棕红色稀粪表明鸡肠道内有血，可能是分枝杆菌或者球虫病引起；分枝杆菌病和鸡传染性法氏囊病会导致鸡拉稀，粪便呈白色糨糊状或者石灰浆样的稀粪；鸡的粪便呈黏液状表明鸡可能有卵巢炎、腹膜炎，这种鸡已经没有生产价值，应该予以淘汰；新城疫病、霍乱、伤寒等急性传染病可导致鸡排黄绿色或者黄白色稀粪，并附着有黏液和血液。

（四）科学管理

1. 适时放养

鸡脱温尽量安排在春末夏初，当外界环境在18℃～25℃范围内最适宜放养。当从鸡舍转入自然环境中时要逐渐延长放养时间，给予鸡短暂的过渡时间，这段时间内在鸡饲料中添加复合维生素或者维生素 C，以抗应激。同时还应该控制鸡群放养时的密度，放养密度可以为 30～200 只/亩，随着日龄增长慢慢降低放养密度，密度的大小还取决于生态环境的实际情况。放养的时间随着天气和季节变化而变化。

2. 光照补充

冬季自然光照不足，需要人工补充光照，光照强度为 5 瓦/米²，补充时间为傍晚到晚上 10 点，还有早晨 6 点到天亮。补充时间应该慢慢增加，每天增加半小时，逐渐过渡到晚上 10 点。自然光照如果每天超过了 11 小时，可以不用人工补充光照。冬天要有些照明设备，光线要很弱，仅供鸡行走和饮水；夏季可以在栖息处挂紫光灯或者白炽灯引诱昆虫。

当育成鸡 140 日龄体重达到 1 千克以上时，可以将光照逐渐延长到 16 小时，便于促进母鸡开产。体重不足的鸡只，要增加营养，体重达标后再延长光照。

（3）调教

对于刚脱温的鸡，在饲养初期要用口哨进行调教。补料的时候，边撒饲料边吹口哨，建立鸡的条件反射。可以用这样的方法，建立各种条件反射，如召回鸡或者早晨将鸡群赶至生态环境中，这种方式对于规模不是特别大的鸡群非常适用。

（五）兽害预防和疾病防治

要采取有效措施防止自然界中的生物，如蛇、鼠、黄鼠狼、狐狸和鹰等对鸡造成的侵害，检查鸡舍墙壁的完整性，通风口和窗是否有漏洞，如果条件允许可以设置钢纱网。

这一阶段也不可以忽略疾病的防治。要严格按照要求接种新城疫病疫苗，按时进行带鸡消毒。保证鸡生活环境的通风干燥，按时对鸡进行驱虫处理，防止球虫病或者其他寄生虫病的发生。

三、产蛋鸡果园山地饲养技术

饲养生态蛋鸡的目的就是为了获得品质优良的鸡蛋。产蛋期间的饲养管理的中心任务就是尽可能消除和减少各种环境影响，创造适宜和卫生的环境条件，充分发挥其遗传潜力，达到高产稳产的目的，同时降低鸡群的死亡淘汰率和蛋的破损率，尽可能地节约饲料，最大限度地提高生态蛋鸡的经济效益。

（一）开产时间的控制

1. 光照控制

鸡的开产时间与鸡在生长阶段的光照管理与营养水平有很大的关系。有些鸡开产日龄早，有些鸡开产时间晚或者终身不产。开产太早会影响蛋重和产蛋率，太晚会影响蛋鸡养殖的经济效益和产蛋量，因此采取必要措施控制鸡的开产时间是提高蛋鸡养殖经济效益的重要措施。

根据养殖经验来看，4～8月引进的鸡生长后期日照逐渐变短，鸡群容易推迟开产，对于从4～8月引进的雏鸡，由于育成后期的光照时间是足够的，是自然缩短的，可以直接利用自然光照，育成阶段不必再加人工光照。9月中旬至翌年3月中旬引进的雏鸡在生长期处在日照时间逐渐延长的阶段，容易出现早产的现象，对于这一阶段的鸡要人工补充光照防止其过早开产。添加光照的方法为两种：一是光照时长保持稳定，查出鸡群18周时的自然光照时长，从育雏开始就采用自然光照加人工补光的办法一直维持与18周时光照时长相同的水平；二是光照时间逐渐缩短的办法，根据以往的经验查出鸡18周时，往年同一时间的光照时长，将光照时长加上4小时，作为育雏阶段的开始光照时间，然后随着鸡日龄增大而慢慢减少光照时间，直至鸡生长到18周时刚好达到。在18周以后再根据产蛋要求增加光照时间。

2. 控制育成鸡生长发育

研究表明，鸡只体重在标准体重附近时，鸡的开产时间快慢、产蛋量、产蛋高峰期持续时间和蛋重等产蛋性能与体重呈正相关关系。体重是影响蛋鸡产蛋性能的重要因素。为了培育出高质量蛋鸡，必须在育成阶段对鸡进行称重，对鸡群内部的鸡只进行随机抽样称重，根据鸡群的体重达标情况来制订饲养计划。

鸡群生长发育的整齐度也会直接影响鸡的开产时间，可能使鸡的开产时间变早或者变晚，严重影响蛋鸡养殖的经济效益。要将母鸡与公鸡分开饲养，根据鸡的发育程度及生长强弱来进行分群饲养。

(二) 提供适宜的环境

所有生物的性状都是由遗传因素与环境共同影响的，因此优良种鸡即使具有了高产基因也必须在适宜的环境中才能将高产基因的优越性表现得淋漓尽致。蛋鸡生产力不仅受到光照的影响，还受到温度、湿度及通风情况的共同影响。因此将这些因素控制在鸡适应的条件下，可以提高鸡的产蛋性能。

1. 温度

成年鸡需要的适宜温度为 5℃～28℃，产蛋所需要的温度为 18℃～25℃。气温超出这些范围都会导致鸡的生长、产蛋量、蛋重等受到较为严重的影响，有些影响是不可逆的。鸡在超过 29℃的环境中生活较长时间，其产蛋量会有明显降低，研究表明温度在 25℃～30℃时，温度每升高 1℃产蛋率下降 1.5%，蛋重减轻 0.3 克/枚；蛋鸡在气温过低的环境中生活产蛋性能也会下降，低温下鸡的采食量下降，体重减轻，直接影响产蛋量。在蛋鸡饲养的过程中对温度的控制很重要，夏天在放养时要在自然环境中构造一定的遮阴设备，鸡舍中要配置风扇等降温设备，冬天气温低要尽量少放养，在鸡舍内部安置保温设备，以供鸡的正常温度需要。

2. 湿度

湿度与正常代谢、体温调节以及疾病防控都有着重要联系，湿度对鸡的影响往往与温度相关联。正常情况下，鸡最适空气湿度在 50％～70％，如果温度适宜相对湿度可以在 40％～72％。研究表明，鸡舍内部温度分别为 28℃、31℃、33℃，将鸡舍内的湿度分别调至 75％、50％、30％时，鸡的产蛋量几乎不会受到太大影响。但是高温高湿的环境下会严重影响鸡的产蛋性能，还会引起鸡产生疾病，一般来说不能使鸡舍内部环境过于潮湿。

对于生态养鸡采用的开放式鸡舍，一般选择的位置为坐北朝南，背风向阳，鸡舍地面用水泥构造而成，排水性能好。如果遇到下雨等情况导致鸡舍内部湿度过高，可以加大空气流通程度来保持鸡舍内部干燥。鸡的饮水器也要放置在正确的位置，不能让鸡在饮水过程中将水洒出，要及时清扫鸡舍，清除鸡粪。

3. 通风

鸡舍在鸡粪堆积后，容易产生许多有害气体，如氨气、硫化氢气体等，这些有毒气体严重危害蛋鸡的健康，间接影响产蛋性能而导致经济效益降低。鸡舍内部空气流通是保证鸡舍内部拥有新鲜空气的前提，也是控制鸡舍温度与湿度的重要举措。夏季湿度与温度高的时候，可以利用排气设备使外界的新鲜空气进入鸡舍内部，将鸡舍内部的污浊气体排出，同时降低温度与湿度。但是在冬天，空气流动过大会导致鸡舍温度过低，影响鸡群健康发育，空气流动程度低会导致鸡舍内部空气质量太差，因此在实际条件中，养殖户必须根据现有条件找到通气与保持温度的平衡点。解决冬季通风与保温的矛盾是工作重点，这点对开放式鸡舍尤为重要。

（三）合理饲喂

蛋鸡产蛋期所需要的营养成分区别于育成期，生态鸡育成期一般在 7～17 周龄，18 周以后进入产蛋期。育成期与产蛋期的主要区别表现在饲料原料、饲料配方和饲料中各营养物质的比例。产蛋期所需要的蛋白质含量更高，比育成期高出 1％～3％，并且在产蛋期，日粮中需要更多的钙、磷，如育成期需要钙含量为 1.2％～1.5％，磷为 0.71％左右，在产蛋期钙的添加量应该为 3.5％左右，磷仍然为 0.71％。

蛋鸡在 18 周左右产蛋率达到 5％，然后迅速上升，在 23～24 周产蛋率达到 50％，28 周龄产蛋率可以达到 90％的高峰期，然后逐步下降。鸡饲料的配制要随着鸡的产蛋率不同而变化，当产蛋率在 80％以上时，蛋白质含量可以调整到 18％，钙含量为 3.5％；产蛋率在 65％～80％时，蛋白质含量可以调整到 17％，钙含量为 3.25％；产蛋量小于 65％时，蛋白质含量可以降低到 15％，钙含量降低到 3％。根据产蛋率而改变饲料中蛋白质和钙的含量，能充分利用饲料，也降低了成本。

生态养鸡产蛋期的营养成分需要充分考虑，但是也不能忽略了饲料的补充量。蛋鸡产蛋期补充量的多少受到了很多因素影响，如产蛋阶段、产蛋率、放养密度和鸡本身的觅食情况等。产蛋时期可以在早晚各进行 1 次补料，每次补料的量可以按照笼养饲喂量的 70％～80％，剩余部分可以让鸡在生态环境中觅食，这样可以保证鸡蛋的优良品质，还可以减少饲料成本。

蛋鸡养殖过程中，对于水的合理饲喂也是非常重要的。蛋鸡在适宜温度下的饮水量可以为采食量的几倍，气温升高会导致饮水量增多。饮水量不足也会造成产蛋量下降，鸡蛋品质下降等问题。在产蛋期对于饮水的要求有两点，一是水源干净且充足，二是水温适宜。水温在夏天不能超过 27℃，冬天水温不能低于 10℃，否则鸡饮用后会导致身体不适。

（四）科学管理

1. 观察鸡群

鸡群的观察对于蛋鸡的饲养管理非常重要，平时要认真观察鸡群的生活状况，发现个别鸡出现异常要及时分析原因，做出正确的处理，防止疾病的传染和流行。首先要观察鸡群的精神状态，健康的鸡显得精神饱满有活力，不健康的鸡不好动，喜欢窝在鸡舍内；然后观察鸡粪颜色，鸡粪颜色异常、拉稀或者带有血液表示鸡存在疾病；其次就是观察鸡的采食量，采食量受到很多因素影响，如饮水量、疾病、温度与湿度等，如果采食量异常要及时分析原因；最后观察鸡在休息时，呼吸是否畅通，存在呼吸道疾病或者其他疾病的病鸡休息时，会发出呼噜声或者打喷嚏等。

观察鸡群是在宏观水平上对鸡群整体健康的情况进行了解，饲养员还要学会对鸡局部进行观察分析，通过观察鸡的冠髯、肛门、羽毛等分析鸡的健康情况；有经验的饲养员通过摸鸡的腹部与耻骨就能发现鸡的产蛋性能是否优良。

2. 生产记录

要管理好鸡群就必须做好鸡群的生产记录。生产记录的内容包括：鸡群变动及原因、产蛋量、饲料消耗量，当日进行的工作和特殊情况（如患病、诊治及用药及死淘等）等。鸡舍所有物资的使用情况也要进行记录，通过记录可以积累经验，指导以后的生产。

（五）强制换羽

强制换羽是在养殖过程中合理利用应激因素，引起鸡群在很短时间内停产、换羽，然后再恢复产蛋的方法，这是现代蛋鸡生产中运用较为广泛的一种方法。它可以延长鸡的有效使用年限，节省培育雏鸡和育成鸡的饲料等费用，降低养鸡成本；可以缩短休产期2个月左右，提高开产的整齐度，提高蛋壳质量和蛋重；可以缓解雏鸡供应不足或者栏舍不够等问题；可以调整产蛋季节，获得很好的经济效益。

1. 前提条件

一般实行强制换羽的措施是想节约成本，让高产母鸡进行循环利用。如果鸡群在育雏或者育成阶段饲养不善，引起产蛋期没有优良母鸡供应，便可以考虑使用这种方法；或者当时鸡蛋的行情非常好，或者是鸡源紧张可以使用强制换羽，既可以增加蛋鸡经济收入，也不影响整个鸡场的养殖计划。

2. 强制换羽的方法

（1）激素法：在鸡体内注入激素达到换羽的目的，此方法有副作用，目前使用较少。

（2）绝食法：这是使用最为广泛的换羽方法。从换羽计划实施开始停止饲喂饲料，当鸡体重减轻 25%～30% 时再恢复饲料供应，使鸡重新开始产蛋。

（3）化学法：将硫酸锌投入鸡的饲料中，鸡食用含高浓度锌食物后会抑制中枢神经活动，从而导致采食量降低，引起休产换羽。具体添加方法为：在鸡的日粮中添加 4% 的硫酸锌，3 天左右鸡采食量会降低至 20 克左右，1 周后用蛋白质含量为 17% 的产蛋鸡日粮饲喂，饲喂高锌饲料时要供应充足的饮用水，光照降低到 8 小时。这种方法与绝食法的原理大同小异，但是可能会存在部分副作用，养殖户需要酌情使用。

3. 注意事项

（1）选择高产健康鸡群：产蛋率低的鸡群进行强制换羽达不到理想的效果，除非鸡蛋在市场上的行情非常好，饲料价格跌落，否则没有必要对产蛋率低的鸡群进行强制换羽。强制换羽的目标一般都是高产蛋鸡；强制换羽必须选择健康，活力足够的鸡群，如果受不了断水断粮的应激刺激，往往会对养殖户造成很大的损失，因此强制换羽的目标鸡应该都是无疾病、活力足够的鸡只。

（2）控制饥饿程度：鸡的饥饿程度直接决定了换羽效果的好坏，一般来说饥饿持续时间为半个月左右，当鸡的体重减少 25%～30% 时，应该开始恢复饲料供应，饥饿持续时间要视鸡的身体状况和周边环境而定，一般鸡肥胖程度高或者环境温度高可以延长鸡的饥饿持续时间，反之，则缩短持续时间。

（3）合理恢复饲料供应：无论停食还是恢复饲料供应，对于鸡而言都是外界环境的改变，都存在应激。因此在恢复饲料供应的过程中，不能突然间恢复到停食之前的供应水平，要由少变多，慢慢增加，让鸡慢慢适应这个过程。避免鸡暴饮暴食而引起消化系统紊乱或者死亡。

（4）保证温度适宜：无论何时，温度的控制在鸡养殖过程中都显得尤为重要，因此在强制换羽过程中，将温度调整到鸡的适宜温度，对于换羽的效果是强有力的保证。

（5）添加维生素、钙质和微量元素：在恢复饲料供应的时候，在日粮中合理添加微量元素、钙质和维生素，可以提高以后产蛋的质量，还可以让鸡更好地抵抗应激带来的危害。

四、优质鸡育肥期的饲养管理

优质鸡的育肥期是指9周龄至上市阶段，也称为大鸡。这段时间内的饲养管理重点在于促进肌肉更多地附着在骨骼上和促使体内脂肪迅速沉积，增加鸡的肥度，使鸡肉鲜美，皮肤和羽毛色泽鲜艳，做到安全上市。鸡育肥期的饲养管理要注意如下几个方面：

（一）鸡群观察

当鸡生长至育肥阶段时，鸡的生长发育处于非常旺盛的时期，任何疏忽都有可能为鸡以后的生产性能带来严重影响。因此饲养员在饲养过程中必须随时观察鸡群的健康程度，要及时发现有问题的鸡，迅速采取措施，提高饲养效果。

每天进入鸡舍的第一件事就是要观察鸡粪的颜色是否异常，正常鸡粪为软硬适中的条形或者堆状物，鸡群内部一旦有病鸡存在，就会产生相应的临床症状，在粪便中就可以体现出来。鸡如果缺水，粪便会变得非常干燥；鸡饮水过多或者消化不良会导致鸡拉稀；如果粪便为白色糯糊状稀粪，则有可能是鸡感染了白痢或者鸡传染性法氏囊病。因此，及时发现鸡群中的病鸡粪便对于保证鸡群整体健康有着重要意义。

早晚喂食要观察鸡的采食量，一般来说健康的鸡采食量一般都较为正常,一旦发现某只鸡的个体特别小,采食量下降,行动迟缓就应该引起饲养员的注意,应该及时将该鸡单独进行处理,如果是感染了较为严重的传染病则应该立即掩埋,并且对该鸡接触过的所有用具都进行消毒;晚上饲养员要仔细聆听鸡的呼吸声,如果鸡存在打喷嚏、呼噜声则表明鸡的健康程度不佳,或有病鸡存在。当存在这些情况时要及早进行进一步处理。

此外要观察鸡群是否有啄癖,如果有这类鸡存在,应该及时将这些鸡隔离饲养,采取相应措施避免啄癖在鸡群蔓延而降低鸡的生产性能。

（二）分群管理

随着鸡的日龄慢慢增加,鸡所需要的物质条件会慢慢提高。如果鸡群密度过高,会导致食物相对过少,鸡群得不到充分的水源、阳光,还会导致空气质量变差,使育肥期的效果变得很差,鸡群生长发育的整齐度也会随之变得很差。在育肥过程中,要及时分群饲养,合理安排鸡的饲养密度。饲养密度一般控制在 10~13 只/米²,饲养密度不宜过大,而且要根据鸡的发育程度和强弱进行分区,保证鸡的整齐发育。

（三）垫料管理

潮湿的生长环境对于鸡来说也许是致命的,因此保持垫料的干燥、松软是育肥期地面平养的重要环节。环境过于潮湿,不仅会引起温度降低,导致鸡腹泻,还会引起各种菌虫滋生,引起鸡群发生疾病,为了避免这些情况的发生,必须让鸡舍有良好的通风,通风是让水蒸发的重要举措;还需要调整饮水器和水位的高度,鸡可以喝到水即可,不能让鸡在饮水过程中,将水洒到地面;消毒过程中,喷洒的消毒液不能太多,同时饲养员要按时清扫鸡舍粪便,保持鸡舍环境卫生,根据实际情况补充清洁、干燥的垫料。

（四）日常记录

记录是养殖过程中重要的管理工作,及时、准确地记录鸡群的变动、鸡群健康状况、免疫情况及药物使用情况、饲料消耗量、收支情况，为以后的养殖工作积累丰富的经验。

（五）搞好卫生消毒工作

1. 带鸡消毒：带鸡消毒对于鸡育肥阶段有着重要影响。一般春秋季节可以 3 天进行 1 次消毒。夏天由于雨水充足，气温较为潮湿，可以每天进行 1 次带鸡消毒，冬天可以每周 1 次消毒。消毒液可以使用 0.5％的百毒杀溶液，在使用过程中，喷头不能离鸡太近，不能在消毒后使垫料过湿。

2. 鸡舍消毒：饲养鸡舍每周带鸡用消毒水喷雾 1～2 次，可以有效预防疾病。

3. 人员消毒：避免非鸡场内部人员无故进入鸡场，杜绝除饲养员以外的所有人员进入养殖区域。生产区与管理区之间要设置消毒区间，管理区与鸡场外界连通处要设置消毒池与消毒间。进出鸡场和养殖区域必须严格消毒。

4. 病鸡和鸡粪处理：病鸡的尸体必须严格进行处理，用专用的装置将其存放，然后集中焚烧或者掩埋。一批鸡养殖完毕后，对鸡粪要进行清除。

（六）减少应激

应激是由于外界的不良因素刺激生物机体，引起机体产生不良的紧张状态，严重可以引起死亡。养鸡过程中产生应激的主要原因可以分为两点：管理不善和环境变化。其中管理不善包括转群、测重、疫苗接种、更换饲料等；环境变化包括鸡群生活环境中突然出现较大的噪声，鸡舍内的空气不够新鲜且非常潮湿或者由于刮风下雨、下雪等天气变化。

为了减少应激，要从管理人员抓起，提升管理水平和管理人员的自身素质，制定合理的管理制度并且严格执行；鸡舍在建造的时候不能偷工减料，要按照标准来进行建造，为鸡提供良好舒适的生活环境。及时根据变化而向鸡饲料中加入药物或者维生素等，以防不利因素对鸡群造成太大伤害。

（七）合理抓鸡、运鸡

生态养鸡提供的健康鸡品质本身是非常高的，然而在鸡上市之前的抓鸡和运送过程往往因为人员的行为太过于粗暴而导致鸡受到创伤，运送至市场的时候会使鸡因为受到伤害而使其品质有所下降，不被消费者看好。所以在抓鸡和运输过程中，工作人员一定不要过于简单粗暴，鸡笼等设备也不能有尖锐的棱角；不能使鸡笼的鸡密度过大，否则会由于缺氧而引起鸡的窒息，夏天一般要选择清晨或者晚上温度较低的时候抓鸡，否则可能会引起鸡的应激死亡；抓鸡过程中应该将光线调暗，这也是一种降低应激的有效措施。

（八）适时出栏

根据生态养鸡的特点，在公母分开饲养后，公鸡一般在90日龄左右出售，母鸡出售的日龄在120天左右，根据市场需求，也有的土鸡出售日龄会推迟。鸡尽量不要散卖，应该整批出售。鸡出售的前一段时间，要了解市场行情，准确把握出售时机。上市前不要使用药物，确保产品安全。

五、林地生态养鸡模式与饲养技术

（一）林地围网养鸡模式

林地围网养鸡利用林草间作、围网在林地进行林、草、禽立体绿色农业生产。进行林地养鸡必须考虑该地区的优势资源与综合效益，要动员各方面的人员来支持和参与这一行动，这一养鸡模式可以充分推动农业的高效发展，快速推动林业与养殖业的经济增长速度。

以河南温县为例，该县在2000年就开始着手林地围网生态养鸡模式的研究，到现在已经获得了丰富的经验。首先，用大约2年时间在养殖场培育三毛杨林带，长70米、宽50米，养鸡场用钢纱网将林带围绕起来，钢纱网绑定在树木上，钢纱网高度约为1.9

米，固定于地表以下 10 厘米的土地中。养殖场面向北部设置避雨棚，安装饮水器。在距林区 0.5 米外进行浅耕，养鸡场内部栽种紫花苜蓿为主要牧草，实施宽窄行播种，宽行距 30 厘米，窄行距 15 厘米。

该养殖场所选的鸡品种为柴鸡，通过集中育雏 30 天左右，待牧草生长至 30 厘米左右的高度后，将鸡放入围网内部。林地围网内部的鸡饲养密度大约为 300 只/亩，总共在林地同时饲养了 1500 只鸡，让鸡在林地内部自由采食，视情况再在早晚进行补料，在饲养过程中一般要环境温度稳定在 20℃以上才进行放养。根据资料显示，柴鸡在 3 个月后便可达到 1.5 千克。这种方式饲养的柴鸡在 7 日龄、20 日龄、50 日龄各接种 1 次新城疫Ⅳ疫苗，10 日龄、21 日龄各接种 1 次鸡传染性法氏囊病疫苗即可。

根据资料显示，按照温县当时的鸡价格，投放的 1500 只柴鸡上市出售的活鸡数为 1290 只，平均体重在 1.47 千克，每只活鸡售价 16.17 元，总收入达 20859 元，再扣除养鸡的投入，直接经济效益为 8956 元。这是 10 多年前的资料，在生态养鸡市场更为广阔的现在，经济效益远远超过了这个水平，所以林地围网养鸡模式带来的巨大的经济效益可见一斑。

（二）在野外建简易大棚舍养鸡模式

1. 野外建简易大棚舍养鸡模式优点

通过在野外建立简易大棚舍养鸡，充分利用自然资源，降低建设成本。这种养鸡模式投资少，简易大棚的搭建一般采用的是生态环境中常见的树木、竹、稻草或者油毡等，这些原材料几乎不损耗太多的成本，相比室内养鸡可以节省 10 多万元建筑成本；在山地、果园、林地中，鸡所产生的鸡粪可以当作植物的养分来循环利用，可以促进林业、果业的同时发展，按照每亩 500 只鸡计算，饲养 114 天可以产生鸡粪 2850 千克，相当于产生了 27 千克尿素、189.92 千克磷酸钙和 37.85 千克氯化钾，果园的植物吸收了鸡粪中的养分可以增加果园的产量，使果实的味道变得鲜美可口。

这种饲养模式对于鸡疾病的控制，还有降低环境污染有很明显的作用。一般要求养鸡场远离居民区，在野外建立简易大棚舍可以有效防止养殖过程中产生的噪声污染对居民造成的严重影响，同时生态环境中可以对鸡粪进行处理，避免了养鸡产生的废物和臭味污染。与此同时，在野外进行饲养保证了与其他鸡场，尤其是存在疫病的鸡场隔离，是健康养殖的基础，而且在野外山地或者林地果园等进行养殖，地势高、空气清新，便于场地杀菌消毒，进行全进全出的管理制度可以减少疾病的传播，一般来说简易鸡舍间也是有距离的，保证了鸡群内部即使有病原体存在，也不会产生交叉感染的情况。

研究表明，野外大棚舍一年四季都可以进行生态放养，尤其是对三黄鸡的"三黄"和肉质有利。在野外放养，有清新的空气、充足的阳光、干净的水源和足够的运动量，鸡所食用的青草、昆虫等都可以让鸡肉的味道变得更加鲜美可口，风味更加独特，而且使肌肉富含丰富的营养物质，食用后对人的身体非常有益。

2. 大棚舍建造方法

鸡野外大棚舍建造地址要遵循一般的选址原则，保证鸡有足够的水源，夏天有避雨遮阴的林木或者人工设施等，鸡舍所在地空气流通且环境相对干燥，有便利的交通以便产品迅速流通至市场，一般每个山坡与林地都可以建造3栋左右的鸡舍。

大棚舍一般选择坐北朝南，或者偏向东南。棚舍所在地的坡度平缓，一般不超过20°，可在符合要求的地区规划出一片长35米、宽7米左右的平地进行建造，鸡舍的规模按照一个劳动力饲养管理2000只左右鸡的标准来进行建造，将原材料准备好以后便可建成长20米、宽6米、高2.8米左右的简易大棚舍。

3. 鸡的饲养管理

在鸡进入棚舍之前需要用常规的消毒液进行喷洒消毒，待2天以后便可将鸡驱入其中饲养。鸡刚进入鸡舍的时候，要公、母分群进行饲养，便于管理和出栏。棚舍内部养的鸡可以为雏鸡，也可以为生长鸡，但是鸡舍内部要有增温设备，以保证鸡对温度的基本需求。育雏阶段，需要在棚舍内部加盖塑料薄膜，等鸡长大后再撤去。

在鸡的饲养过程中，需要根据鸡的实际采食情况来进行定点补料，供应健康的饮用水；要用钢纱网或者其他隔离设备限制鸡的活动范围，不能让其逃离饲养员的管理范围；根据当地实际情况制定合理的免疫程序，并且要严格执行，对于已经感染疾病的病鸡要及时隔离和处理；当天气不好或者冬天气温较低时，要考虑野外放养的时间长短和能否野外放养等问题；在鸡出栏后或者进栏前栏舍都必须进行消毒，消毒 2 周后才能进行使用。

由于野外大棚舍养鸡模式可以一年四季进行生态养鸡，每年可以饲养肉鸡两三批，很快就能将鸡舍的建设成本收回且开始盈利。

（三）林下和灌丛草地养鸡模式

根据报道，贵州省长顺县畜牧局在 2002 年进行林下和灌丛草地养鸡试验，通过在当地推广和养殖青凤土鸡，实现了该地区当年出栏产值 38.85 万元，净利润 9.25 万元。这种养殖模式已经被当地农民广泛采用，是使农民增收的重要途径。通过这些成功的养殖经验，我们可以总结出林下和灌丛草地养鸡模式必须具备如下特征。

1. 养殖户本身的要求

养殖户本身必须具备一定的学习能力，要适应新技术的发展与要求，及时通过各种渠道来获得一定的管理和养殖知识。养殖户的资金运转必须正常，要保证养殖过程中的资金不断链，保证在养殖过程中有一定能力承受市场供需关系对鸡价格的影响，同时养殖户要有一定的饲料与经济学基础，便于鸡群的饲养和整个鸡场的运作管理。

2. 节约成本

林下和灌丛草地养鸡模式的关键点在于降低饲养成本，通过充分利用林地和灌丛草地间的草籽、嫩草、虫类或者其他可以食用的动物代替部分饲料，这样可以降低饲料的使用量。在选择鸡的饲养场地的时候尤其要注意，该地区的自然资源与环境是否达到要求，选择饲养地点的时候尽可能地选择动植物较为丰富的区域，保证鸡在生态养殖过程中能充分食取自然界的饲料。根据生态养鸡的方式，一般只要将鸡饲喂至七成饱，其余部分让鸡在山林中自己觅食即可。这样既能节省饲料，又可以充分利用天然资源生产优质无公害的绿色鸡产品。

3. 多方合作很重要

长顺县通过政府支持，以公司为龙头带动农户的养殖规模的模式使这一养殖模式发展壮大。公司提供资金，要求生产基地生产0.3～0.5千克的脱温鸡苗，通过提供技术服务与指导，提供给农户育雏与育成阶段的正确饲养方法，制定正确合理的免疫程序。同时还会提供农户各阶段的鸡的饲料配方。整个过程由企业按以物放贷的方式提供农民鸡苗进行养殖，公司靠育雏获利，农民在饲喂至雏鸡上市后将欠款还给企业，农户也可从中获取较大的利益。

4. 饲养管理

引进雏鸡时，如果路程较远可以给雏鸡先服用1%口服补液盐，用来补充体内无机盐和能量，再服用1毫克/升浓度的高锰酸钾溶液；如果路程较短服用高锰酸钾溶液即可。雏鸡饮水后要尽早开食，雏鸡的日粮要求营养充分、容易消化，尽可能满足鸡的食用需要。

鸡的营养配制要严格按照行业标准规定的鸡的营养标准配制，1～7日龄选用质量较好的雏鸡料，7～20日龄选用小鸡料，之后便可以自行配制饲料。配制饲料一定要注意营养的平衡，不能使鸡食用后缺乏钙、磷和维生素等。

科学管理也决定了这种养鸡模式的效益。一般林下和灌丛草地养鸡模式的饲养密度需要根据鸡的日龄大小变化而变化，第一周每平方米 60 只，第二周为每平方米 40～50 只，第三周为每平方米 35 只，第三周后为每平方米 10～18 只，具体视外界的气温和湿度而定；在引种时，应该按照鸡的强弱、公母还有日龄分群饲养，这样可以避免鸡的整齐度太差，也可以方便出栏和管理，在 15 日龄左右要及时进行断喙，以防啄癖；在养鸡过程中要注意提供给鸡需要的温度，第一周温度控制在 30℃～32℃，每周递减 2℃。夏季的脱温时间比冬季短 1 周左右；在饲养过程中还要保证鸡舍的空气流通，保证鸡在新鲜空气下健康生长发育，同时要给予鸡充足的光照，光照对鸡的生长发育甚至以后的产肉性能和产蛋性能都有着至关重要的作用，一般来说雏鸡需要促进其采食，每天光照时间保持在 23 小时，1～5 日龄的雏鸡每平方米光照强度在 2.5～3 瓦，5～15 日龄每平方米的光照强度为 1～1.5 瓦，经验显示如果采用红光加蓝光可以减少啄癖。

5. 疫病防治

始终将"预防为主、防重于治"的原则贯彻到底，严格执行卫生防疫制度要求。在鸡进栏前和出栏后要用消毒液蒸熏或者喷洒杀菌灭毒，按时对鸡所使用的器具进行清理消毒，即时打扫鸡舍，保持鸡舍卫生；天气不适的时候尽量避免把鸡放养在自然环境中；果园养殖应该尽量避免在喷洒农药后放养；杜绝无关人员进入鸡舍内部，避免带来疫情。

（四）山地放牧养鸡模式

近年来由于农村劳动力往城市迁移，农村的闲置用地越来越多，尤其是对于山地的利用更是雪上加霜，这为山地放牧养鸡提供了基本的物质条件。并且，由于近些年的食品安全问题，导致了生态养鸡所生产的绿色无公害产品畅销。通过发展山地放牧养鸡，可以将农村劳动力涌入城市的问题妥善解决，也可以促进当地经济发展。

1. 山地的选择

并不是所有的山地都适宜鸡的放养，所选养鸡的山地必须远离居民区、采矿区、工业区和主干道公路，最好是选择有公路直达，但是又僻静的山地。山地坡度要平缓，以南方的丘陵山地为宜，土质以沙壤为主是最优良的，同时山地附近要有清洁的水源。

2. 基本设施

山地放牧养鸡需要在山地的背风向阳处建造坐南朝北的鸡舍，原材料可以利用农村常见的秸秆、油毡、稻草和石头等，利用自然形成的坡势修缮而成，鸡舍的形状可以依照实际情况而定，方便饲养管理即可，基本要求是通风干燥，能遮风避雨，杜绝天气变化带来的不适。养鸡场内要配置控温设备、饮水设备以及食槽等基本设备，还要准备口哨。

3. 饲养管理

在引种至鸡舍的初期要对鸡舍进行消毒，要用两三天时间使鸡慢慢适应山地环境，这两天可以在鸡的饲料中添加一定的复合维生素，以保证鸡能顺利度过适应期，抵抗应激。放养过程中饲料的主要来源是山地中的草籽、昆虫以及其他动植物，根据鸡的日龄与觅食能力适当补充食物。在鸡生长至6周龄时，早晨补料只需要象征性地抛撒一点饲料，晚上根据鸡的觅食情况酌情补料，在饲喂的时候要做到定时、定点。

种鸡在刚刚引入的时候为了使其平稳度过适应期，一定要保证温度的适宜，一般将刚刚进入的雏鸡安置在保暖性能好的鸡舍内部进行育雏，脱温后可以进入自然环境中进行放养。鸡群进入山地放养时，在喂食的时候让鸡对口哨形成条件反射，放养初期，在喂食时间饲养员边吹哨边抛撒饲料，多次反复进行这样的训练可以强化条件反射。用同样的方法可以控制鸡群的活动范围，召唤鸡回巢和活动。鸡群的密度也要合理控制，一般放养密度为每亩地放养 200 只左右为宜，鸡群大小在 1500～2000 只。

4. 疫病的防治

根据实际情况制定合理的卫生消毒制度，严格控制外来人员在鸡场内部的活动范围，最好限定在管理区；夏季天气过热，冬天气温过低的时候要控制放牧时间；做好免疫程序，及时对鸡群进行新城疫、马立克病、鸡传染性法氏囊病等病的疫苗接种。

5. 注意事项

鸡要采用"全进全出"的管理制度，自己根据鸡的饲养标准来进行饲料配制可以有效降低养殖成本。一般为了合理利用放养的环境，在鸡达到 1.25 千克的时候要及时出售，避免占用过多栏舍和浪费饲料，出售前可以预购下一批鸡苗。

（五）农村庭院适度规模养鸡模式

农村庭院适度规模养鸡模式利用了农村优越的自然环境，过剩的谷物类食物、闲置的房舍，通过半开放式饲养，有助于小规模提高农村经济的适度发展。这一养殖方式的特点是投资少、效益高、便于管理和资金周转快，一般来说每批鸡的规模在 100～300 羽。这种养鸡模式在贵州省很多地区得到了推广，根据已有的经验，将这种模式总结如下：

1. 品种选择

品种选择要考虑鸡的适应性、抗病能力和市场需求，根据养殖经验，比较适合这种模式的鸡有岭南黄、芦花鸡、杂交乌骨鸡等，当地的土鸡也非常适合。

2. 场地选择

这种模式养鸡的场地一般选择在安静、外来人员少、通风与光照性能都较为良好的闲置房舍。地面平养，每平方米面积可养殖大鸡 10 只左右，用木屑、稻草等作垫料；笼养、网养，注意搭支架时要保证鸡只自由进出上下鸡舍休息和活动，便于鸡的活动和疾病防治。一般庭院养鸡的养殖面积要在 100 平方米以上，其中要富含水源，要将庭院用篱笆围起来，同时设置遮阴处和沙坑，满足鸡日常需要。

3. 饲养管理

鸡群的饲养管理要按照"全进全出"的原则进行，杜绝各种疾病在鸡群间交叉感染，避免鸡群大规模死亡。鸡的转出与转入要尽量平稳，避免引起鸡应激死亡，如抓鸡的时候要在弱光下进行，避免鸡受到太大惊吓。鸡在出栏前后都要对鸡所使用的器具及相关的生活环境进行消毒，可以用高锰酸钾溶液和福尔马林进行熏蒸，也可以用烧碱溶液喷洒地表。

育雏阶段尽量参照室内养鸡的标准来进行，由于养鸡的规模不大，可以将闲置房舍改造成更小的区间，将鸡舍内部养殖密度确立在 40～60 平方米。鸡苗在引入后要进行脱温处理后才能放入自然环境中，无条件的农户可以直接引种已脱温鸡苗，可以提高鸡的成活率。

雏鸡养殖时对温度的要求非常严格，0～7 日龄雏鸡鸡舍的温度应该控制在 32℃～35℃，7～21 周龄的温度要控制在 27℃～32℃，到了 28 日龄左右即可过渡到与自然环境同步的温度；雏鸡的生活环境中还要注意空气的流通，育雏期间要使空气新鲜，每天至少要将鸡舍通风换气 1～3 次；雏鸡 2 周龄内，饲养密度应该为每平方米 60～70 只，脱温后可以减少到 50 只左右；光照对雏鸡的影响也非常大，因此给予合适的光照强度与光照时间也是非常重要的，一般可以用白炽灯，离地面高度为 1.8～2 米，光照强度在育雏阶段可以为每平方米 2～3 瓦，第三周可以降低至每平方米 0.5～1 瓦，1～3 日龄内的鸡每天光照时间 24 小时，之后可以降低至 23 小时；雏鸡初始阶段的饲喂，尽量用优质的全价料饲喂，在脱温后的适应期可以在日粮中添加复合维生素或者维生素 C，提高鸡的健康性，以抵抗应激。

雏鸡在脱温后，在自然环境中的放养是影响肉质的关键性因素。在天气较好时，可以将鸡放入自然环境中自由觅食和活动。在这一阶段，要精喂与散养觅食相结合。精喂是指选择营养全面、适口性好、易于消化的全价颗粒料，适当搭配其他饲料或采用鸡浓缩料按比例均匀混合后进行饲喂，在早晚精喂和白天散养的条件下，养鸡产品的风味和营养水平得到大大提高，鸡的毛色等外观让消费者眼前一亮，既可以降低成本也可以吸引消费者购买，相得益彰。

4. 疾病防治

做好鸡的免疫接种和消毒防疫工作，防止传染病的发生和传播，这是规模养鸡成败的关键。根据养殖经验，本文提供如下免疫程序以供养殖户参考：1 日龄的雏鸡要接种马立克疫苗；1～5 日龄雏鸡用饮水法，食取氟哌酸；6～7 日龄鸡新城疫Ⅱ系苗、传支 H120；不定时观察雏鸡粪便的颜色，防治球虫病的发生，因球虫的耐药性很强，每批鸡所用的抗球虫药不能相同；21～24 日龄接种鸡新城疫Ⅰ系苗。同时，在饮水和饲料中加入一些药物可预防疾病的发生，如雏鸡 4～7 日龄时在饲料中拌入 0.01% 土霉素或饮用 0.3% 的大蒜水等抗菌保健药。相隔 10 天后重复饲喂。

六、果园生态养鸡模式与放养技术

（一）果园放养土鸡的优点和放养技术要点

1. 果园生态养鸡的优点

（1）鸡肉品质优良：果园养鸡生活环境好，运动量大，生态环境中含丰富的食物与养分，养殖时间较长，因此鸡肉的味道鲜美，口感极佳，具有独特风味，在市场上非常受欢迎。

（2）成本低、效益高：鸡的部分食物来自于生态环境中，减少养殖户从外面购买饲料的量，同时鸡的运动量大，土壤中的营养物质可以强力改善鸡的体质，提高鸡的抗病力，减少疾病发生，减少疫苗使用量和提高鸡的成活率，直接提高了养殖的经济效益。果园生态养鸡的市场价格往往比室内养鸡生产的鸡价格高出很多，并且充分利用了果园的土地，减少了像室内养鸡一样高额的土地成本，所以果园生态养鸡相比于室内养鸡而言有着成本低廉、经济效益高的特点。

（3）养鸡业与果业相互促进：鸡在觅食和活动的过程中，可以踩死杂草、觅食草籽、挖翻草根，捕捉对果树有害的虫类，从而使果树健康成长；同时，鸡活动过程中所产生的粪便富含植物所需要的各种养分，是很好的有机肥料，这样可以降低农民的化肥使用量，减少成本，提高水果的品质和经济效益，这样也可以利用果树清理鸡所产生的废物，达到了清洁环境的目的，有效解决了养鸡所造成的环境问题。

2. 果园生态养鸡放养的技术要点

（1）品种选择：生态养鸡的鸡品种一定要选择适应能力强、抗病力强的地方优良品种，不宜使用适合室内养的快大型白羽鸡。

（2）场地选择：果园远离居民区、工业区等，场地要有充足的水源，地势较高且坡度平缓，最好能够在背风向阳处，环境幽静，具有一定的遮阴避暑的地方，土壤为沙质。

（3）饲养管理：雏鸡在饲养初期要选用质量较高的全价饲料，随着鸡的日龄逐渐变大慢慢换成另一阶段的饲料，饲喂的数量慢慢减少，适应性强的鸡可以用谷物类杂粮进行饲喂。鸡苗引种后在舍内饲养一定时间后才能放入生态环境中，一般在晴天可以将放养时间延长，天气不好要减少放养时间或者不进行放养。放养的时间随着鸡的日龄变大而延长，考虑到生态环境的承受能力，一般不能同时在所有的区域进行放养，应进行轮换放养。放养的密度控制在每亩 150～200 只。

（4）疾病的防治：果园生态养鸡的场地不能持续使用，必须实行轮牧，即在使用 1～2 年后需要更换另一果园，果园在自然条件下净化 2 年再进行消毒后便可再次养鸡；在对果园喷洒农药的时候，严禁将鸡在果园中进行放养，要等到农药消退后才可以将鸡放出，最好能配备解毒药品以防万一；鸡在进栏前和出栏后都要将栏舍内部的墙壁、地面以及饮水器、食槽等进行消毒，果园要进行翻土，再撒上生石灰；鸡要及时接种疫苗，在1～2周龄内要进行第一次鸡新城疫、鸡传染性法氏囊病以及其他病的疫苗接种，还要接种鸡痘。接种疫苗的时候可以在饲料与水中添加维生素C、氨基酸葡萄糖口服液等，可以提高疫苗的效果，同时要防治寄生虫病，控制好鸡生活环境的温度与湿度，避免引起疾病；当出现病鸡的时候，要及时将其隔离，如果疾病较为严重应该迅速掩埋，对其使用过的用具和所在鸡舍进行彻底消毒。

（二）提高果园养鸡成活率的措施

果园养鸡是将鸡舍建立在果园内部，然后通过在果园内部放养，让鸡在果园内部自由觅食野生饲料，以提高鸡的生产性能。果园养鸡是放养与舍养的结合体，需要选用适应能力和抗病力强的品种，早晚在鸡舍内进行饲喂，白天的主要活动时间都在果园中，饲料的使用量较室内养鸡更少。这样饲养的鸡在市场的价格也比室内养鸡更高，所以经济效益明显比室内养鸡高。饲养的时候也要注意主要疾病的防治，为了提高这种方式养鸡的成活率，建议采取的措施如下：

1. 选择优良品种

品种选择对于养鸡的影响非常大，品种选择不好会直接导致以后的养殖工作陷入僵局。鸡应该选择适应当地环境的土鸡，或者土鸡与其他鸡杂交后生产的配套系。应该尽量避免选用一些快大型鸡，这些鸡只适合在室内养殖，无法适应生态环境的种种变化，抗病力极差。引种时必须从合格的种鸡场引进鸡苗或者种鸡蛋，鸡苗一般选择接种过马立克病疫苗的雏鸡，且精神状态要显得健康活泼。

2. 减少应激

鸡苗引入以后不能直接放入果园中进行放养，在鸡舍较为稳定的环境下进行一段时间育雏，待鸡脱温后可以放养，放养的时间要随着鸡日龄增加而平缓增加，给鸡一段时间的适应期。开始放养的时候不能让鸡的运动量过大，放养范围不宜太广，要平缓地增加。放养的最初几天，在日粮中补充复合维生素或者维生素C，还添加一些矿物质饲料，可以有效提高鸡的健康状况，对抗应激有很好的效果。

3. 避免农药中毒

果园在一定时间内都会对果树进行杀毒处理，同时果园还会补充适量的化肥给果树补充能量。这些举措对于鸡来说都是潜在的危害。一般来说果树喷洒农药或者施过化肥后，要5～7天后才能进行放养，放养时尽量把鸡赶到较为安全的区域，以防误食被污染的野生动植物而发生病变，同时可以用篱笆或者尼龙袋将鸡隔离在安全地带。在这种情况下，果园应该常备阿托品之类的解毒药物，用来应急。

4. 避免野生动物危害

养鸡会受到许多野生动物的侵害，诸如蛇、鼠、黄鼠狼等动物。所以在建立鸡舍的时候，要考虑鸡舍墙壁地面的密封性，不能让蛇、鼠等动物进入鸡舍内部，以免造成损失。饲养人员要加强巡逻和看管，避免鸡或者鸡蛋被偷食。在养鸡的时候，要避免鸡与鸟类接触，鸟类所携带的病原体有可能会使鸡致病，因此也要避免鸟类进入鸡舍偷食饲料，防止其将水源或者饲料污染。

5. 防治疫病

鸡要按照"全进全出"的原则进行分批管理，要重视鸡体外消毒的作用。鸡入栏前与出栏后，都必须用消毒液喷洒鸡用过的食槽、饮水器，还有鸡舍的墙壁和地面等，比如可以用2%的消毒液少量泼洒地面和利用福尔马林与高锰酸钾溶液进行蒸熏消毒，鸡生活过的果园的土要进行翻挖，通过生石灰泼洒消毒后，在生态环境中静置1~2年后再进行生态养鸡。

饲养人员要始终将"预防为主、防重于治"的理念放在心中，整个养殖过程要注重防疫，要让鸡及时接种鸡新城疫病、马立克病、鸡传染性法氏囊病等严重影响鸡健康的传染病疫苗。要保证环境的适宜，湿度的控制非常重要，合理预防球虫病，制定合理的驱虫程序，及时清除鸡体内外的寄生虫。鸡场的管理区与生产区之间要设置消毒间，鸡场大门与外界连通处也要设置消毒间和消毒池，谢绝外来人员参观生产区内部。果园施用的有机肥需要通过充分发酵才能用于果园，否则存在鸡粪中的病原微生物感染鸡的潜在威胁。

饲养员要不定时观察鸡的精神状态与采食情况，对于鸡精神状态不佳或者独处的鸡只要及时确定其是否存在疾病。如果确定其感染了疾病，应该将其迅速隔离，对于该鸡接触过的鸡舍、食槽等都应该进行消毒。如果传染病较为严重应该及时将其掩埋，避免感染其他鸡只而造成更大的损失。

6. 合理放养

鸡舍内部环境的清洁非常重要，每天打扫1次鸡舍，清除生活环境中的鸡粪，有助于保持鸡生活环境的干燥，且能有效预防寄生虫病。鸡苗刚刚引入鸡场的时候要保证营养充足，不能突然将其放养至果园中，一定要让鸡有一段适应期。遇到天气不适，如夏季光照太强或者冬季刮风下雪等天气，要减少放养时间或者不放养，避免鸡染病。要经常训导鸡，强化其条件反射，碰到紧急情况时可以迅速将鸡群召回。

在保证鸡成活率的前提下，也要考虑果业的发展。要在提高鸡成活率的同时，促进果业经济效益的增长，这是最基本的原则。果园养鸡满足了基本原则，实为果农增收的有效途径。

（三）提高果园养鸡效益的措施

1. 品种选择

果园养鸡的鸡品种，不仅要选择适应性强、抗病力强的鸡，还要考虑其是否有市场。一般快大型鸡不予以考虑，养殖户可以选择如仙居鸡、固始鸡、湘黄鸡等地方鸡品种，这些鸡在消费者中有着良好的口碑，在全国有着广阔的市场，鸡蛋与肉有着独特的风味，这些鸡产品的价格要比快大型鸡的价格高出很多，即使养鸡行情受到冲击也会比室内养鸡产品的价格高出很多。

2. 合理饲养管理

在果园放养的时候，尽量不要在所有区域同时放养，一定要给予生态环境中动植物再生时间，循环利用生态环境中的资源，一个果园中建造 2 个鸡棚进行轮放。果园使用一段时间之后，要及时消毒，然后静置 1～2 年后再进行生态养鸡。养鸡过程中要充分让鸡食用果园中的青草、草籽及虫类，这样既能节省饲料又可以为果树除害施肥，让养鸡业与果业得到更好的发展。

研究表明，果园养鸡饲料投入约占养鸡投入的 70％，所以如何高效利用饲料、节约饲料成本是果园养鸡提高效益的重要举措。雏鸡应该选择颗粒状优质全价配合料进行饲喂，将饲料撒在塑料薄膜上以防浪费，让雏鸡少吃多餐，刚开始时每天饲喂 7～8 次，随着雏鸡日龄增大而逐渐减少饲喂次数。育成鸡阶段的饲料变换不应该太快，让鸡有一周的缓冲期以慢慢适应其中的变化，如果鸡的适应性强可以用农村谷物类食物代替饲料进行投料。随着鸡日龄增大，所需要饲料的价格也在降低，成本也在减少，鸡饲料的投喂次数可以减少到早晚各 1 次，尤其是鸡完全适应生态放养后，可以在早晨象征性投料，让其在果园中觅食。这种方法可以提高鸡肉的风味，让鸡肉富含营养，且减少了不少的饲料成本。

3. 控制养殖规模

养殖户一定要根据实际情况与自身能力去确立养殖规模，一般来说，一名饲养员养殖 1500～2000 只鸡为宜，鸡的饲养密度一般在 200 只/亩，鸡群的规模一般在 1500～2000 只，条件允许也不能使每名饲养员饲养的鸡群过大。饲养员承担的任务过大不仅影响工作积极性，还会因为鸡群的饲养密度大，得不到充足的水分，不能保证每只鸡都能食取充足的食物，环境的承受能力也是有限的。鸡群太大往往达不到生态养鸡的理想效果，产品往往质量不达标，要采取多点投放，分散养殖，这样有助于管理和便于疾病的控制，提高经济效益。

4. 提高商品鸡的上市率

根据果园养鸡的现状，果园养鸡的上市率参差不齐。在育雏期加强饲养管理，使育雏率达到 98%，商品鸡上市率可以达到 95%，这些已经不是理论上的数据，许多养殖户已经实践过。在相同的调价下，通过提高鸡的成活率，让鸡群整体用药量少，饲料消耗量降低，鸡群的生长发育整齐度较为一致，经济效益可以提高 20%。

5. 避免不必要的损失

养殖过程中必须防止野生动物对鸡群的骚扰和侵害；做好鸡群的免疫工作，降低死亡率和药物使用量，节省养鸡成本；同时要加强巡逻管理，避免鸡或者鸡蛋被小偷偷走。

6. 了解市场行情和消费者需求

生态养鸡的优势在于鸡肉的肉质鲜美，富含多种营养物质，更是符合中华民族的饮食文化传统，在食品安全问题日益严重的情况下，生态养鸡产品更是受到消费者的青睐。生态养鸡在鸡生长到一定阶段的时候，要及时出售。特别是鸡的外观羽毛丰满、色泽艳丽、精神状态极佳，容易吸引消费者购买。

养殖户还要了解市场的供求关系，一般来说优质生态养鸡产品行情大好的时候，价格会猛涨；行情欠佳时，价格会有所回落，但是也还是会高于其他养鸡方式所生产出来的产品。养殖户要看准市场行情，价格上涨的时候要适当延迟出售时间，价格回落时要及时出售，以便获得最大的经济效益。

第七章 果园山地散养土鸡
疾病防治技术

一、果园山地养鸡发病特点

果园山地散养土鸡的饲养方式决定了鸡群发生疾病的特点。生态鸡放养相对于舍养鸡而言有着诸多优势，放养密度小、运动量大、食物营养物质丰富等特点使生态鸡身体强壮、抗病力强，但是在生态环境中天气等自然因素不稳定也导致了鸡群发病。

（一）寄生虫病发病率高

在湿度相对较大时，生态鸡生活的环境潮湿而使泥土湿润，易黏附于鸡的身体各个部位，并且生态鸡是在自然环境中放养，接触泥土较多，这使发生寄生虫病的概率大大提高。尤其是在夏天，降雨量大容易导致生活环境极为潮湿，如果粪便与其他废弃物囤积易导致寄生虫的虫卵快速传染，增加了生态鸡患寄生虫病的概率。

（二）呼吸道疾病不常见

生态鸡由于生活环境的优势，如饲养密度低、空气新鲜，很难因为空气质量问题而得呼吸道疾病，生态鸡有着足够的运动量和丰富的阳光及干净的水源，经常觅食一些营养丰富的野生食物，使生态鸡有很高的抗病力。因此这两种因素决定了果园山地散养土鸡不易发生呼吸道疾病。

（三）法氏囊病与新城疫普遍

由于果园山地散养土鸡的种蛋一般都来自各个散养户，因此不能保证鸡的日龄与免疫程序的整齐度。如果种蛋的来源较为杂乱，免疫程序也参差不齐的话，来自母体的抗原也会有所差异，这样就导致了不能对所有的鸡进行正确的免疫程序，从而使鸡易感染法氏囊病。接种新城疫疫苗的普遍方法为饮水法，但是在果园山地散养土鸡的过程中，由于鸡群分散且水源丰富易导致饮水接种的情况不均匀，或者由于鸡采食青饲料而减少饮水量，这些都会导致免疫的效果降低，从而使鸡群易发生新城疫。

（四）细菌性疾病多

雏鸡如果是通过非正常渠道获得，那么雏鸡的免疫程序有可能不完整，可能含有许多细菌，让鸡群成为某些细菌的携带者；其次就是生态养鸡的环境面积大，很难保证所有的地方都能得到即时清理，所以生态环境中不可避免地存在着发霉饲料、污染水源、不干净的器具，这样就容易感染大肠杆菌病；沙门菌也是严重危害生态养鸡的重要因素，一般是由于应激引发的散发性病症。

（五）马立克病发病普遍

马立克病是一种无药可治的免疫抑制性传染病，这种病要求出壳后 24 小时内皮下有效注射接种。由于疫苗的使用和保存方式要求过于严格，使用程序繁琐且花费高，一些养殖户要么嫌麻烦，要么觉得鸡在饲养至 3～4 个月后身体健康无需进行二次免疫，从而导致马立克病的大面积发生，给养殖户造成了很大的经济损失。

（六）两种以上疾病混合感染较为普遍

在生态养鸡的过程中，很容易发生传染性贫血病、大肠杆菌病和支原体疾病，新城疫和大肠杆菌病等疾病同时感染。40 日龄以上的病鸡在解剖后能发现绦虫、蛔虫等不同程度的感染。

二、鸡病的传播途径

疾病的传播途径是指病原体在离开传染源后，经过一定的途径再传播导致新的未感染动物引发疾病的过程。鸡病传播途径分为垂直传播和水平传播。

（一）垂直传播

垂直传播指的是病原体通过父母代传播至子代的传播方式，这是通过繁殖过程感染的，病原体存在于种蛋之内使孵化的种鸡变成疾病携带者或已经发病。能垂直传播的鸡疾病有：霉形体病、脑脊髓炎、大肠杆菌病、白血病、沙门菌病、减蛋综合征。

（二）水平传播

水平传播是指病原体通过非生殖途径的媒介传播，而引起其他未感染鸡群发生疾病的传播方式，这种传播方式在鸡类疾病中占主要成分。水平传播有如下途径：

1. 空气传播

鸡传染性支气管炎、鸡传染性喉气管炎等病都属于呼吸道疾病，而呼吸道疾病主要就是通过空气传播的。如果鸡感染了呼吸道疾病，其呼吸道内会分泌很多含有病原体的渗出液，当鸡打喷嚏的时候，强大的气流就可以将渗出液喷出至空气中，当其他未感染鸡群吸进自己的呼吸道后就有被感染的可能。

空气传播的病原体不仅是呼吸道疾病的细菌或者病毒。当一些发病鸡排粪或者死亡后，如果这些处理不当，久而久之会导致这些附着在粪便或者尸体内的病原体随着空气流动而附着在一些微小颗粒上，从而引起其他未感染的鸡发生疾病。

2. 饮食传播

饮食传播主要是指病原体混入食物或者水中，经过消化道而进入健康鸡体内，导致鸡发病，比较典型的如鸡新城疫、沙门菌病。病鸡的粪便，病鸡身体上的其他遗留物或者病鸡的尸体，在生态环境中黏附在野生食物上或者污染了水源就容易导致在饮食过程中传染疾病。还有一种情况就是饲养人员在各个养殖区域相互串门，污染的衣物、鞋底引起水源和饲料含有病原体，导致鸡群发病。

3. 孵化过程中传播

在孵化的过程中，环境条件不仅适宜鸡的孕育，也非常适合病原体的滋生，某些病原体可以在此基础上迅速繁育，当黏附于蛋壳表面时还有可能进入鸡蛋内部，使胚胎携带病原体，引起雏鸡发生病变。

三、果园山地散养土鸡疫病综合防治

合理的疫病防治制度对于提高鸡的成活率有着显著作用，果园山地散养土鸡的规模不断扩大，科学合理地制定疫病综合防治程序显得尤为重要，既可以推动果园生态养鸡的发展，也能明显为养殖户增收。果园山地散养土鸡疫病综合防治要遵循如下原则：

（一）合理选择鸡种

果园山地散养土鸡要选择生存能力强，抗病力高的鸡种，优先考虑本地鸡，这样可以更好地适应放养的环境。在引种的过程中，要引入正规养殖场的种蛋，切勿为了节约成本而使种蛋的引入变得杂乱。

（二）合理选择放养区域和控制规模

果园山地散养土鸡的场地应该远离居民区，避免污染和疾病；养殖规模不宜太大，否则会影响生态养鸡的效果；要远离别的鸡场，防止交叉感染。

1. 建立防疫制度，以防为主

（1）确立消毒方式

在饲养过程中，要不定期对鸡、鸡的生活环境以及喂鸡的用具进行灭毒杀菌。常用的消毒方式为：日常管理中可带鸡消毒，这样可以减少鸡舍里游荡的病原体，可以及时地预防呼吸道疾病，同时可以清洁鸡体、抑制氨气产生；鸡舍在鸡转入前与转出后都必须进行消毒，包括鸡使用过的用具等，可以用15％的石灰水喷洒，再按照每立方米鸡舍用福尔马林30毫升拌上16克高锰酸钾的标准进行熏蒸消毒。

（2）以防为主，做好免疫工作

根据宋银潮（2001）的研究，肉鸡的免疫程序可归纳为：1 日龄，接种马立克疫苗；2 日龄，接种传染性支气管炎疫苗；7 日龄，用饮水法接种鸡新城疫Ⅱ系及传染性支气管炎二联苗；13 日龄，用饮水法接种传染性法氏囊疫苗；29 日龄，用法氏囊疫苗进行二次免疫，同时在鸡眼中滴入鸡新城疫Ⅰ系；30 日龄，接种鸡痘疫苗或者鸡毒支原体疫苗；46 日龄，用饮水法接种禽出败疫苗。在接种法氏囊疫苗的过程中，切不可忽视二次免疫的重要性而不进行二次免疫。

（3）雏鸡疾病的防治

防炎症：防炎症主要是防治卵黄囊炎和脐炎，平时要经常消毒，保持育雏室的卫生，育雏期间可在饲料中添加 0.02% 痢特灵连续饲喂 3 天，如果发现有病鸡，则可通过肌内注射青霉素、链霉素，以每只 1 万单位的标准，整个鸡群可以用双倍量多维素与 0.1% 氯霉素混合，再在饮用水中加以 5% 葡萄糖连续饲养 3 天。

防感冒：控制鸡舍温度，避免冷风直吹雏鸡身体，可用 0.3% 金霉素拌料饲喂 3 天以提高免疫力。

防白痢：要从健康的种鸡场引种，严格对孵化设备的消毒，将 2% 水溶性环丙沙星 50 克左右混入 50 千克水中让鸡饮用，每天 2 次，连续使用 5 天左右。

防球虫病：一般采用球必清预混剂，球必清对鸡球虫有很好的杀灭效果，以每 25 克球必清拌入 10 千克为标准让鸡采食，连续饲喂 5 天。

2. 饲养管理的可靠性

保证与外界无病毒交流也是鸡场管理的基本要求，严格遵守消毒卫生制度，外来人员谢绝参观鸡场内部设施，工作人员进入鸡场要进行局部消毒处理。对于已经出场的鸡不能带回原鸡场以避免将外界病原体带入鸡场内部而引起不必要的灾害。鸡群在鸡舍中采用"全进全出"的管理方式，在鸡群入栏前后，都应该将鸡舍内部、鸡的生活环境与所用用具进行全方位消毒，条件允许可在栏舍前设立消毒池。

雏鸡在孵化后不应该立即放养，同时要保证鸡的食物新鲜、健康，保证充足而又干净的水源，注意营养搭配的完整性，根据养殖场情况制定相应的卫生制度与免疫程序，并且严格遵守。在果园喷洒农药之后，不应该将鸡群放出以避免鸡慢性中毒。对鸡群要勤观察，早发现疾病，早治疗。

四、果园山地散养土鸡常见疾病

果园山地散养土鸡利用果园、山地等资源，以自由放养与舍养相结合的方式进行鸡的养殖，但是由于生产管理技术与实际情况不一定配套，导致鸡的各种疫病也会存在，情况严重则会很大程度上降低养殖户的经济收入，制约生态养鸡这一行业的发展。为了让养殖户清楚地了解生态养鸡过程中所面临的疾病，现将常见的疾病介绍如下。

（一）鸡传染性法氏囊病

鸡传染性法氏囊病又称为传染性腔上囊病，它是由传染性法氏囊病毒引起的接触性急性传染疾病。病变的时候主要表现为法氏囊发炎、萎缩坏死或者法氏囊内淋巴细胞严重受损，鸡的免疫功能同时严重受损，干扰各种疫苗且降低免疫能力。发病率非常高，死亡率低，一般在 $5\% \sim 15\%$，是养鸡业最常见的疾病。

1. 发病特点

一般来说，这种病能感染所有品种的鸡，肉鸡比蛋鸡更为敏感，这种病多发生于雏鸡，3～7周龄最易发病。病原体可以依附在粪便中扩散至饲料、水以及其他鸡可以接触的环境中，如果鸡啄取了被污染的食物或者接触了污染的用具等都能导致感染。本病既可以垂直传播，也可以水平传播。

一旦发病，将会涉及大面积的鸡群。3 天即可感染 70％左右的鸡，发病后的 3～4 天为死亡高峰期。病鸡表现精神不振，饮水频繁，采食量下降，部分鸡会自啄肛门，排出白色水样稀粪，发病严重者则会严重脱水，无法站立，可致死亡。在临床解剖后可看见法氏囊呈黄色胶冻样水肿、质硬、黏膜上覆盖有奶油纤维素性渗出物；有些法氏囊黏膜发炎严重，出血、萎缩坏死。病死的雏鸡表现脱水，腿部与胸部常伴有出血现象，血色暗红。雏鸡肾肿胀，肾小管和输尿管充满白色尿酸盐。脾脏及腺胃和肌胃交界处黏膜出血。

本病可以根据流行特点以及临床症状或者解剖等方法来做出判断。

2. 治疗方法

鸡感染传染性法氏囊病后可以通过如下方法来进行治疗：

通过肌内注射鸡传染性法氏囊病高免血清注射液治疗。3～7 周龄的鸡每只注射 0.4 毫升；成年鸡注射 0.6 毫升，注射 1 次即效果非常明显。

注射鸡传染性法氏囊病高免蛋黄注射液，以每千克体重注射 1 毫升治疗效果较好。

3～7 周龄的鸡还可以用肌内注射丙酸睾酮，每次注射 5 毫克。

将速效管囊散拌入饲料中或者直接口服，以每千克体重 0.25 克的标准进行用药，连续饲喂 3 天，这种方法也有较高的康复率。

3. 疾病预防

疾病的预防始终要以遵守卫生消毒制度为基础，避免与其他鸡场的病原体交叉。饲养人员要及时观察鸡群的发病情况，一旦有病鸡出现要进行彻底的消毒且将病鸡隔离。消毒物可以使用 5％的漂白粉。

接种疫苗是预防鸡传染性法氏囊病的有效措施：无母源抗体的雏鸡早期免疫可以注射低毒力株弱毒活疫苗；有母源抗体的鸡可以

注射中等毒力株弱毒活疫苗。灭活疫苗是与鸡传染性法氏囊病活疫苗配合使用的，使用时要看接种的鸡是否存在母源抗体。

（二）新城疫病

鸡新城疫病又称为亚洲鸡瘟或者伪鸡瘟，首次发现于印度尼西亚，它是高度接触性传染病，病鸡主要表现为呼吸困难、拉稀、精神失常、黏膜出血，死亡率较高，是危害养鸡业的严重病症。

鸡新城疫病分为速发嗜内脏型新城疫、中发型新城疫、缓发型新城疫、非典型新城疫和无症状型新城疫，它们的特点在于以呼吸道和消化道病症为主，可观察到病鸡咳嗽之类的呼吸不通畅的表现，同时可以发现鸡的采食量明显下降，粪便含水量高，鸡身体瘦弱。

新城疫病的传染性强、死亡率高，要即时观察并发现问题。要观察鸡的采食量，呼吸是否正常和粪便的颜色。如果鸡的采食量突然下降，且粪便有绿色稀粪的时候要提高警惕，对于不健康的鸡可以隔离或者解剖，如果出现了消化道黏膜出血等特征性病变，则可以初步断定为新城疫。

对于疾病的控制，免疫程序是很重要的一步。根据相关的资料，提供如下参考免疫程序：

肉仔鸡：7日龄的首次免疫可以使用 Clone-30 弱毒疫苗通过滴鼻进行；二次免疫的时间为 25 日龄左右，可以使用新城疫Ⅳ系苗通过滴鼻将疫苗输入鸡体内。蛋鸡可在 3 日龄、18 日龄各进行 1次弱毒疫苗接种，可单独选用弱毒苗或者灭活苗，选择两种苗效果更好，60 日龄、120 日龄各进行 1 次Ⅰ系疫苗接种，产蛋后每 2～3个月进行 1 次Ⅳ系疫苗接种。

新城疫暂无迅速治疗方法，一旦鸡群发病要立即使用 La 系、克隆 30 或者Ⅳ系苗点眼或者饮水，2 月龄鸡可以用Ⅰ系新城疫疫苗紧急接种，同时在饲料中添加抗生素和复合维生素，预防疾病的继发感染，促进机体康复。

对于疾病，始终要贯彻"防大于治"的理念。而新城疫这种疾病非常复杂，并不是接种疫苗后便可高枕无忧，它需要综合调控，不能单纯依靠卫生制度或者免疫程序来控制。

（三）马立克病

鸡马立克病是一种淋巴组织增生性肿瘤病，是一种世界性疾病，与鸡新城疫和鸡传染性法氏囊病的危害同样巨大，同样有着高发病率和死亡率。

鸡马立克病能在鸡体潜伏 3～4 周，根据病症与病变部位，可将马立克病分为四个类型：

神经型：这种类型是由于病毒侵入外周神经，持续时间长，病鸡表现为运动不便、消瘦、畸形，严重可致死。例如当颈部神经受到侵害，会使鸡呼吸困难、嗉囊变大；如果坐骨神经受到侵害，则会使大腿的形状失常，可导致鸡瘫痪。急性型：这种类型相对于神经型而言，发病时间较短暂，因此称为急性型。感染初期没有明显的病症，随着时间变长则会表现出鸡的精神萎靡不振、身体消瘦、羽毛杂乱，粪便为白色或者绿色且含水量很高，鸡冠和肉髯变小且颜色变淡，可能突然死亡，死亡率各场参差不齐。皮肤型：这种类型可在翅膀、尾部、背部等部位发现肿瘤。可以观察到病鸡的羽毛杂乱、变稀，皮肤粗糙，在皮肤表面还能观察到颗粒大的肿瘤物。这种类型也可致死。眼型：该类型是由于病毒侵入眼睛，最终导致单眼或者双眼失明。可以观察到病鸡的虹膜色素慢慢消失，瞳孔变小。

鸡马立克病没有特效的药物进行治疗，只能通过接种疫苗来控制该病的发生。鸡马立克病可接种的疫苗有马立克病毒人工致弱毒株苗、马立克病毒同源自然弱毒菌、火鸡疱疹病毒苗，还有两种或两种以上毒株的多价苗。现在普遍采用的注射方式是对 1 日龄的雏鸡进行肌内注射，注射于胸肌内。注意，连续使用火鸡疱疹病毒疫苗的鸡场必须加大免疫剂量。

（四）鸡痘

鸡痘为接触性、急性传染疾病，分为皮肤型与黏膜型，皮肤型表现为在头部可以看到小疱疹和结痂；黏膜型主要是感染口腔与喉部黏膜，又称为鸡白喉，死亡率相对于皮肤型而言较高。鸡痘能在鸡群中流行，导致鸡的生长发育迟缓，使蛋鸡的产蛋量也受到影响，与其他疾病同时发生会提高鸡的死亡率。

鸡痘可以通过鸡之间的皮肤接触感染，也可以通过蚊子等媒介感染，这是其容易流行的原因。诊断鸡痘并不困难，根据其外在表现结合病理特征即可做出初步判断。

预防鸡痘的方法也较为简单，鸡痘弱毒疫苗鸡种适合于各日龄的鸡接种，疫苗稀释倍数随着日龄而降低，15 日龄内稀释 200 倍，15～60 日龄稀释 100 倍，2～4 月龄稀释 50 倍。用接种针在鸡的翅膀内侧无血管处扎入皮肤即可。3～5 天之后可以看到鸡的接种部位出现红疹或者红肿，10 天后出现结痂现象，表示接种成功，这种方法接种终身有效。

如果鸡感染了鸡痘，为了防止并发感染可以在鸡的饲粮中添加 0.08% 左右的土霉素，连续饲喂 3 天；或者在饮水中添加 0.2% 左右的金霉素，连续饮用 3 天。

（五）球虫病

鸡球虫病是由一种或者多种球虫引起的寄生虫病，对鸡的危害非常大，有很高的死亡率，严重影响养殖的经济效益。

1. 发病特点

球虫病的感染途径主要是鸡觅食的时候误食了含有感染性卵囊的食物，这种病对于任何鸡品种都会有所感染，特别是在 2 周龄以后感染致死的概率非常高。产生球虫病的主要原因在于饲养管理条件的落后，环境卫生没有处理好，空气不干燥等。由于球虫的孢子化卵囊的生存能力极强，因此病鸡吃过的饲料、水源和用具等在很长时间不用也会有致病能力。

病鸡精神萎靡不振、身体消瘦、羽毛不整齐且稀疏、皮肤粗糙，嗉囊内部充满了液体，鸡冠颜色消退，颜色苍白。病鸡的粪便常常显红色胡萝卜样，亦有咖啡色或者血色粪便。感染该病还可能导致产蛋下降，生长发育迟缓等症状。如若感染了慢性球虫病只会引起生产性能下降，拉稀等症状。

球虫病的诊断不能仅仅依据粪便里球虫卵囊的有无，而且需要根据粪便的颜色、临床症状和饮食方面的变化来确定感染与否。要精确诊断，还需借助显微镜等工具。

2. 病原体种类

世界公认的寄生于鸡身上的球虫有如下 9 种：柔嫩艾美耳球虫、巨型艾美耳球虫、堆型艾美耳球虫、和缓艾美耳球虫、早熟艾美耳球虫、毒害艾美耳球虫、布氏艾美耳球虫、变位艾美耳球虫、哈氏艾美耳球虫。

3. 球虫病的防治

实践证明，保持环境卫生与简单消毒不能很好地防治球虫病，目前想要有效地预防必须进行药物预防，要有防重于治的观念，时间越早越好。一般来说，养殖户常用的治疗球虫病药物与方法有如下几种：百球清 2.5％溶液，按照每升水 1 毫升百球清的标准混入，持续饮用 3 天；氨丙啉，用饮水法使用 3 天，以 0.02％的标准；妥曲珠利溶液，以鸡群体重每 500 千克添加一瓶为标准，连续使用两三天，每天 1 次。磺胺类药物对发生感染的病鸡有很好的治疗效果，但是如果生态养鸡产品要进行出口是不允许使用磺胺类药物的。常用的磺胺类药物有磺胺二甲基嘧啶、磺胺喹噁啉、磺胺二甲氧嘧啶。

现代观念是药物预防已经取代了药物治疗，但是预防不能完全保证鸡场就不会发生球虫病，所以以防万一，还是要了解以下几种治疗方法以防突发性的球虫病感染。

一般来说，养殖户常用的治疗球虫病药物与方法有如下几种：

氨丙啉，连续使用4周，以0.0125％的比例拌入饲料中；马杜拉霉素，按每千克饲料6毫克的标准添加，无休药期；莫能霉菌素，以每千克饲料100毫克左右的剂量添加，无休药期；氯苯胍，连续使用1～2个月，以每千克饲料30毫克左右的剂量拌入；尼卡巴嗪，按照每千克饲料拌入110毫克的标准进行添加，休药期为4天。

（六）沙门菌病

沙门菌病是由沙门菌引起的细菌性传染病，分为鸡伤寒、副伤寒、白痢三种类型，鸡伤寒主要出现在成年鸡身上，而后面两种类型主要发生在雏鸡身上。

1. 发病特点

养鸡规模的扩大伴随着种种问题，诸如育种方向导致抗病力相对变弱，生活环境恶劣，以及滥用药物使细菌耐药性增强和白痢净化效果不达标等。这些问题都是导致沙门菌病发生的原因。

沙门菌病有三种类型，其各自的临床表现都不一样。鸡伤寒主要感染成年鸡，雏鸡如若感染会在出壳后几天就死亡，感染鸡伤寒的病鸡精神萎靡、体重下降、体温升高，拉稀且粪便为淡黄色；白痢与副伤寒主要感染对象是雏鸡，感染白痢的雏鸡可以观察到鸡精神沉郁，绒毛松乱，不爱运动，粪便呈白色糊状，常看见粪便黏附在肛门附近的绒毛上；副伤寒缺乏特征性病变，一般只能观察到雏鸡腹泻且成群在育雏室的加热器周围，只能由实验室检测后才能做出准确判断。

2. 疾病防治

严格按照疾病防治原则来进行疾病调控，提高饲养管理水平。及时进行疫苗接种如沙门菌油乳剂灭活苗。沙门菌病药物预防的方法为：鸡白痢和副伤寒的预防可以用0.01％的高锰酸钾溶液给雏鸡饲喂2天左右，同时用0.2％磺胺嘧啶与0.01％痢特灵交替混入饲料，连续饲喂3天，时隔7天后再进行重复饲喂，以此为循环；鸡伤寒可用磺胺嘧啶以0.05％的比例溶入水中让鸡饮用5天左右，或者用 0.02% 痢特灵连喂 7 天，两种方法可以交替使用。一旦发现病鸡，为了避免较大的损失，可以在饲料中按 0.03% 左右的比例添加呋喃唑酮治疗病鸡。

（七）大肠杆菌病

鸡大肠杆菌病是由大肠埃希菌的某些血清型引起的一类疾病的总称。这种疾病是由于养鸡规模化、集约化程度加深而导致的，可以使鸡的产肉性能与产蛋性能受到直接的影响，从而造成巨大的经济损失。

1. 发病特点

鸡大肠杆菌病主要是通过消化道或者呼吸道感染，或者病菌穿过蛋壳直接感染胚胎，这种病在卫生环境不达标或者饲料不适等应激条件下容易引发，尤其容易感染雏鸡与育成鸡，死亡率可达 100%。

病鸡精神萎靡，不好动，体格消瘦，惧怕寒冷而浑身战栗，翅膀下垂，采食量也减少，拉白色或者绿色糊糊状稀粪。部分病鸡伸颈张嘴，鼻子分泌黏稠液，鸡冠变成暗红色，肛门部分的羽毛肮脏，蛋鸡生病后会产小蛋，产蛋率也会下降。

2. 病变类型

大肠杆菌病的病变类型是由病菌所侵害的部位决定的，不同的器官会使病程、病理特征等都有所差异。大肠杆菌病的病变类型有如下几种：气囊炎，病鸡表现为咳嗽，发声不正常；急性败血症，3 周龄内的病鸡显得羽毛松弛，排黄白色黏稠状稀粪，4 周龄以上的鸡表现为发声不正常，鸡冠暗红，排便为黄白色或者黄绿色；心包炎，表面无明显病征，解剖后可以发现心包膜肥厚，伴有肝周炎与呼吸道疾病，脾脏血肿；大肠杆菌性肉芽肿，一般发生于产后母鸡，在内脏或者十二指肠上有肉芽肿；关节炎，病鸡表现为关节肿胀，行动不适；肠炎，病鸡在解剖后可以观察到肠黏膜充血或者溢血；眼炎，病鸡会失明，眼睛流脓，最终会死亡；卵黄性腹脂膜炎；产蛋时期还可能发生输卵管炎，引起输卵管膨胀，管壁变薄。

3. 治疗方法

治疗之前要先将病鸡样本进行药敏测试，以便筛选出敏感药物来治疗该疾病，同时又让病菌不迅速产生耐药性。

（1）抗生素疗法

抗生素疗法是目前治疗鸡大肠杆菌病的主流医治方法，可选择的抗生素有恩诺沙星、氟哌酸、卡那霉素、庆大霉素等。使用抗生素的时候应该根据实际需要而决定用量，例如环丙沙星可按照 1 千克水添加 50 毫克的标准用饮水法进行治疗；或者用 0.04％～0.06％氯霉素拌入每千克 500 毫升的土霉素溶液，通过饮水法治疗病鸡。

（2）中草药疗法

中草药疗法可以使养殖户在医疗过程中不用考虑病菌耐药性等复杂问题，并且已取得了较好的效果。根据夏心富（1995）的研究，大肠杆菌病可以用黄连、黄柏、大黄熬成药液，按每毫升药液含有 1 克生药的比例，每天 1 次，持续使用 3 天，有很好的医治效果；范开（2001）的研究表明，黄芩、龙胆、柴胡、板蓝根、黄柏配制的芩柏龙胆散对鸡大肠杆菌病有积极的治疗作用，使用方法为：在每天的饲料中加入 40 克左右的该中药，连续饲喂 5 天，每天用药 1 次。

（3）维生素法

根据研究表明，在饲料中添加维生素 A 可以降低鸡发生该病的死亡率，可以以 1：12 的比例往饲料中加入维生素 A。

4. 预防

预防从管理和制度抓起，从种蛋孵化开始要严格保证鸡的质量。对于鸡的所有相关事物都要进行消毒，鸡蛋要用福尔马林熏蒸；雏鸡要进行带鸡消毒，消毒液可使用过氧乙酸、菌毒清等；定期的药物预防也必不可少，例如以 1 千克饲料中拌入 0.5 克呋喃唑酮，连续 5 天早晚饲喂 1 次，可以有效预防该病。

（八）禽流感

1. 症状

禽流感又称为欧洲鸡瘟，是由流感病毒引起的家禽急性接触性传染病的总称。感染疾病的鸡只发病快、冠髯发绀、头部肿胀、呼吸困难，并伴有严重腹泻。禽流感的潜伏期短，一般为 2～5 天，有的病鸡可以突发死亡。急性病例表现为体温升高，精神不振，食欲衰退等状态，呼吸道有血迹。传染快，死亡率高。

2. 防治措施

本病目前尚无特效治疗方法，利用抗生素也只能控制并发或者继发感染。养殖户引种必须要从正规的养殖场引进鸡苗。若该疾病在养殖地区流行，可以通过接种疫苗来进行预防。在鸡 2 周龄时，进行首次免疫，每只鸡接种 0.3 毫升疫苗，5 周龄时第二次免疫，120 日龄进行第三次免疫，5 个月后可以再免疫接种 1 次，剂量为 0.5 毫升。

鸡场一旦发生感染，为了工作人员的安全，必须将鸡场内部所有鸡只进行屠杀，感染鸡场 8 千米以外的鸡只进行紧急免疫，对感染鸡场要及时进行消毒杀菌等措施。

（九）鸡传染性支气管炎

鸡传染性支气管炎是由冠状病毒引起的急性、高度接触性传染性呼吸道疾病。根据毒株不同，将这种病分为呼吸型、肾型、腺胃型。病鸡一般表现为：器官会产生啰音，伴有咳嗽和打喷嚏等现象，有时候会出现呼吸高度困难。该疾病的冠状病毒还能侵害鸡的肾脏，损害鸡的产蛋性能。雏鸡感染该疾病会引起呼吸困难，流鼻涕，死亡率很高。

这种鸡病目前没有特效治疗方法，只能依赖于预防来对疾病进行控制。饲养时要注意降低饲养密度，加强通风，减少各种应激，按照卫生制度来进行消毒。免疫方法为：1～2周龄鸡通过滴鼻接种鸡传染性支气管炎 H_{120} 苗，40日龄进行第二次免疫，75日龄时可以用鸡传染性支气管炎 H_{52} 强化免疫效果；肾型传染病可以用含有 T 株的弱毒苗或者灭活苗进行免疫；腺胃型可以用灭活苗进行免疫。

（十）鸡传染性喉气管炎

鸡传染性喉气管炎也是由于病毒引起的一种急性呼吸道传染疾病。病鸡发病快，会出现张口喘息、甩头咳嗽并伴有血迹等现象。根据临床症状可以将其分为急性型和温和型。

1. 鸡传染性喉气管炎类型

（1）急性型：急性型的病毒活力很强，发病迅速，病鸡精神萎靡、咳嗽、呼吸困难，严重时可能导致鸡的头部和颈部往上伸，张口喘气，呼吸道伴有血迹。病鸡的采食量下降，两眼闭合，鸡冠颜色变紫，排灰绿色稀粪。

（2）温和型：温和型是由活力较弱的病毒所致，呼吸道症状表现轻微，结膜发炎，眼周湿润流泪，结膜囊内有时会分泌出干酪样分泌物。这种病型病程长，发病率低且死亡率也很低。病鸡鼻咽部有许多黄白色含血的分泌物，气管腔内经常充满凝血块。

2. 疾病防治

（1）预防：防治是控制该疾病的最有效的方法。这种疾病是接触性疾病，防治的重点是要切断带病鸡只与健康鸡只的接触，要做好隔离措施，严格按照卫生消毒制度来进行所有的养殖工作；坚持严格隔离、严格消毒等预防措施后，还要对鸡进行预防消毒。鸡传染性喉气管炎的疫苗分为强毒苗与弱毒苗两种，弱毒苗的使用方法是滴眼，强毒苗用擦肛的方式接种。一般在鸡达到4～5周龄时进行第一次免疫，12～14周龄时进行第二次免疫。肉鸡第一次免疫可以在5～8日龄免疫，4周龄后可以再接种1次。

（2）治疗：这种疾病没有特效治疗药物，鸡群发病，首先应该及时将病鸡隔离。发病鸡群利用消毒液每天进行带鸡消毒，在日粮中投入红霉素、泰乐菌素等抗菌药物，避免细菌的继发感染，还可以利用中药化痰止咳，缓解症状，减少死亡。

（十一）鸡啄癖

鸡会出现相互啄食的现象，是养鸡过程中常见的恶癖。一旦发生鸡相互啄食，会引起鸡生产性能下降，导致养殖经济效益明显下降。啄癖破坏了鸡群的正常生活习性，对鸡群的危害较大。

1. 形成原因

鸡形成啄癖的原因大致分为三类：一是日粮内营养物质不足或者比例不当引起的，日粮中的蛋白质含量过低，尤其是动物性蛋白质含量过低，含硫氨基酸和钙、磷比例不当或者缺乏维生素、食盐和微量元素的时候容易引起啄癖。二是饲养条件太差，例如光照过强，饲养密度大，鸡舍内部空气不流通，环境潮湿等也很容易引起鸡啄癖。三是鸡形成啄癖也可能是遗传因素导致的，研究表明：不同品种的鸡啄癖发生的概率不一，蛋鸡比肉鸡多，白羽鸡比有色羽鸡多，气温升高也容易发生啄癖现象。

2. 临床症状

（1）啄肛癖：这种现象易发生于雏鸡和产蛋鸡。尤其是在雏鸡患有沙门杆菌疾病的时候，病鸡肛门周围羽毛黏附灰白色糊糊状粪便，其他的雏鸡会不断啄食，容易引起鸡的肛门受伤和出血，严重时可以导致直肠脱出直至死亡。蛋鸡在产蛋时泄殖腔外翻，其他母鸡看见会啄食，会导致产蛋母鸡输卵管脱垂和泄殖腔发炎。

（2）啄羽癖：啄羽癖能在鸡的各个阶段发生，但是在产蛋鸡、鸡换羽时更为常见。在翼羽和尾羽刚刚长出时容易发生鸡只自食羽毛或者相互啄食羽毛，被严重啄食的鸡只在啄食羽毛后变成血淋淋的"秃鸡"。

（3）啄趾癖：这种现象常见于雏鸡。鸡只啄食脚趾，引起脚部流血，行动不便，严重的脚趾被啄光。

（4）啄蛋癖：这种现象发生于产蛋鸡群，产蛋鸡自食或者相互啄食鸡蛋。

3. 防治措施

（1）断喙：在鸡达1周龄左右进行断喙，可以很好地预防啄癖。

（2）隔离饲养：在鸡群中发现啄癖现象的存在，要将被啄鸡只进行隔离饲养，也可以对有啄癖习惯的鸡单独饲养或者淘汰。对于被啄伤的鸡，可以在其伤口上涂一层具有异味的消毒药，如鱼石脂，不能涂抹红药水。

（3）合理搭配营养物质：在鸡的日粮中添加充足的氨基酸、维生素和微量元素等可以有效减少啄癖的发生；啄癖也有可能是由于饲料中的硫化物不足而引起，在鸡的日粮中补充天然石膏粉，每天每只鸡使用0.5～3克，可以有效预防鸡啄癖的发生；食盐缺乏也可能是啄癖发生的原因，在日粮中添加1.5%～2%的食盐可以有效防止其发生，饲喂持续时间为3天左右，时间过长容易导致食盐中毒。

（4）科学管理：保证鸡舍内部空气流通，饲养密度低，光线不能太强，环境湿度适宜，使鸡能够得到充足的食物和饮水，饲喂要定时定量。

（十二）鸡霍乱

鸡霍乱又叫作鸡巴氏杆菌病、鸡出血性败血病，是一种细菌性传染病。这种病对鸡的危害大，发病快、发病率高、死亡率高。

1. 原因

鸡霍乱是由巴氏杆菌所引起。病鸡的尸体、粪便等残留物以及被污染的用具、土壤、水源都带有大量的病菌，它们是传染霍乱的主要媒介。病菌可以通过呼吸道、消化道、皮肤外伤等途径侵害健康鸡只。研究表明，昆虫也可以传播该疾病。有些健康鸡是该病菌的携带者，在环境迅速改变的应激条件下会激发病菌致病。

2. 临床症状

鸡在感染霍乱后的 2～5 天内开始发病。如果感染的是急性霍乱，鸡会突然死亡，并且之前不会看到太多征兆，也有出现蛋鸡产蛋后立刻死亡的现象。

急性发作时，病鸡表现为精神萎靡、羽毛松散、缩颈闭眼、呆立不动、剧烈下痢、呼吸困难等现象，体温也会升高到 43℃ 左右。病鸡的鸡冠、肉垂逐渐变为紫黑色，产蛋率也会变低。急性症状也有可能转为慢性，病程延长至数周。

3. 疾病防治

平时要加强饲养管理，保持鸡舍内部的环境卫生，要合理调整鸡群的饲养密度，防止外来生物的入侵，饲养员要避免在接触鸡的过程中有粗暴的行为以防止应激的发生。养殖地区如果经常发生该疾病，通过接种疫苗会得到较好的效果，接种弱毒苗一般在 6～8 周进行首次免疫，10～12 周龄进行再次免疫；选用灭活苗在 10～12 周龄首次免疫，16～18 周龄蛋鸡上笼时再进行免疫 1 次。

当鸡场有感染病鸡时，要迅速隔离病鸡，病鸡死亡要妥善处理。可采取有效的治疗措施对病鸡进行治疗，治疗的方法有：①青霉素每只 3 万～5 万国际单位进行肌内注射，每天 2～3 次，连续使用 2 天或 3 天；②链霉素每只 10 万国际单位，每天 2 次，连续使用 2 天；③氯霉素每千克体重注射 20 毫克，通过肌内注射的方法，以每天 2 次为标准注射数天；④喹乙醇加入鸡日粮中，每千克饲料拌入 0.2～0.3 克，连续使用 1 周。

（十三）曲霉菌病

曲霉菌病又称为霉菌性肺炎，这是由真菌感染引起的传染性疾病。这种疾病感染的主要媒介是被污染的饲草垫草，容易发生在温度低、潮湿的环境中。

1. 症状

病鸡精神不振、羽毛松散、喜欢独处、嗜睡。病鸡典型的症状为呼吸困难、伸颈张口，呼吸时胸腹部起伏明显，排绿色稀粪，肛门周围黏附有粪便。在临床解剖后会出现肺部及呼吸道含有米粒大小的黄色霉菌性结节。病鸡在感染两三天内即会死亡。在疾病判断时，要与沙门杆菌病、鸡传染性支气管炎、大肠杆菌病区分开来。

2. 疾病防治

（1）疾病预防：预防该疾病，要时常保持鸡舍内干燥，垫草要经常更换防止霉变，垫草使用前要先晒干或者用紫外线照射后应用。鸡舍内部的地面、食槽和饮水都要定期消毒，杜绝饲喂霉变饲料，及时更换霉变垫草，定期给鸡群饮用 1/3000 的硫酸铜水溶液或 5/1000 的碘化钾溶液，有良好的预防效果；或者在每千克饲料中加入 50 万～100 万单位的链霉素，连续食用 3 天；或者用克霉唑拌入饲料中，比例为 0.02%～0.05%，连用 5～7 天。

（2）疾病治疗：鸡只感染后，可以在每 1000 千克饲料加入 50 万单位的制霉菌素，连续饲喂 3 天，隔 2 天再重复 1 次，或者每只雏鸡 0.5 万单位，每天 2 次，连用 2～3 天；也可以用 1:3000 硫酸铜溶液或者 1:5000 碘化钾溶液，自由饮用 5 天。

（十四）鸡产蛋下降综合征

鸡产蛋下降综合征是由腺病毒引起的传染性疾病，可以降低蛋鸡的产蛋率和产蛋质量。

1. 疾病症状

病鸡的典型症状为蛋鸡产蛋率迅速下降，下降幅度可达 30%～50%，也可以高达 80%。产蛋下降可以维持 1～4 周，病变后蛋鸡的产蛋性能很难恢复到得病前的水平，蛋的质量也有明显下降，通常会出现薄壳蛋、砂壳蛋、软皮蛋、无壳蛋以及异常蛋，产异常蛋可以维持 4～10 周，该疾病主要影响鸡的产蛋性能，一般无特异性临床表现。

2. 疾病防治

本病无特效治疗方法，以预防为主。在开产前鸡 18 周龄左右接种产蛋下降综合征油乳剂灭活疫苗，免疫期持续 5 周，保护鸡产蛋高峰期不受侵害，如果发病，可以酌情在饲料中加入抗生素，以防止混合感染。

同时要给予鸡足够的营养，满足日常氨基酸、维生素和微量元素等物质的需求，增强鸡群的抗病力；引种时必须从无这种疾病的鸡场引种，防止垂直传播。严格执行制定的卫生防疫制度，按时进行消毒。

（十五）食盐中毒

食盐是日粮中的重要成分，日粮中食盐含量一般为 0.3%～0.4%，如果饲料中的食盐过量或者饮用水中的食盐过量会引起食盐中毒，雏鸡食用高含盐饲料或者饮水可以达到很高的死亡率。一般导致食盐中毒的原因都是饲料中的食盐用量控制不当，或者使用鱼粉或者饮水中含有较多的氯化钠，因此要多加注意。

1. 疾病症状

食盐中毒的程度与摄入食盐的量和持续时间呈强正相关关系。轻微的食盐中毒，病鸡一般会表现为增加饮水量，从而导致粪便变稀，含水量高。严重中毒的时候，病鸡精神不振，食欲降低，饮水量大大提高，口鼻流黏液，嗉囊肿大，腹泻，行动不便或者瘫痪，呼吸困难。有时候病鸡会出现神经症状，头颈弯曲，胸腹朝天，仰卧挣扎，最后衰竭而死。

2. 疾病防治

预防此病，必须正确计算饲料中的盐量，饲料要混匀。发现鸡群的饮水量上升时，要对饲料进行抽样盐分测定，如果食盐过量要更换饲料，间隔一小时限制供水，防止鸡一次性饮水过多，否则会导致组织水肿，急性病例很难治疗。

（十六）有机磷中毒

有机磷农药是磷和有机化合物合成的一类农药的总称。根据其毒性强弱不同，区分为剧毒、强毒、弱毒三类。剧毒类包括：对硫磷、甲拌磷、内吸磷等。强毒类主要有：敌敌畏、乐果、甲基内吸磷等。弱毒类包括敌百虫、马拉硫磷等。

1. 中毒途径

有机磷农药在农业生产上应用较为广泛，由于有机磷农药的管理不善，很容易造成鸡误食了含有农药的饲料或者饮水而中毒。例如在购买农药时，农药包装破损；农药与饲料没有隔离存放；误用盛放农药的器具去盛放饲料或者饮水；在果园山地喷洒农药的时候，将鸡放入自然环境中受到农药的危害；鸡误食灭鼠饵而发生中毒。

有机磷农药通过迅速感染鸡的消化道、呼吸道而进入组织器官。有机磷进入机体内主要是抑制胆碱酯酶的活性，从而使神经末梢释放的乙酰胆碱堆积，出现胆碱能神经的过度兴奋现象。

2. 疾病症状

病鸡运动不协调，行动不便，或者两腿麻痹，无法站立，以龙骨或者跗关节着地，或者有两腿伸直的。病鸡精神不振，喜欢独处且嗜睡，口角容易流出带泡沫的液体，会频繁做出甩头的行为，拉稀粪，严重时呼吸困难，最终可能因中枢功能障碍和呼吸麻痹死亡。

3. 疾病防治

对该疾病要做好预防措施，果园山地放养很容易因为在对作物或者果树喷洒农药杀虫的时候引起鸡中毒。严格管理农药以及相关的用具，在用农药进行灭鼠时，诱饵要在鸡放养后投放，鸡回窝前要将老鼠药收回，提高员工的防毒意识。

当已经发生有机磷中毒的时候，应该立即断绝毒源，如果鸡刚食用不久可以将鸡嗉囊的内容物排出，利用手挤压嗉囊或者将嗉囊切开，注射阿托品和解磷定，通过肌内注射的方式，每只鸡每次注射 0.2～0.5 毫升，2 小时后再注射 1 次；或者给病鸡服用硫酸铜、松节油或者高锰酸钾，辅以葡萄糖、维生素等营养物质，可以提高疗效。应用敌百虫的剂量过大时会导致中毒，此时不能用碱性物质解毒，否则会产生更大的毒害。

（十七）鸡蛔虫病

鸡蛔虫是机体内最大的线虫，寄生在鸡小肠中，虫体黄白色，表面有横纹。病鸡内部的蛔虫产卵后随粪便排出，鸡在觅食过程中误食含有虫卵的食物容易造成感染。蛔虫病分布广泛，可以引起雏鸡的发育不良，严重的可以致死。

1. 发病特点

蛔虫病常见于 2～3 月龄鸡，成年鸡一般为蛔虫携带者，很少有出现感染现象。鸡容易在采食或者饮水过程中受到虫卵的侵害。当饲料中的动物性蛋白、维生素 A、维生素 B 的缺乏，或者赖氨酸和钙含量不足时都会导致鸡抵抗力降低，更容易感染该疾病。

2. 临床症状

当鸡只有少量蛔虫寄生的时候，很难看出其临床症状。3 月龄以下的鸡被寄生虫感染后，肠道内往往存在大量寄生虫，初期症状不明显，然后慢慢变得精神萎靡，采食量下降，羽毛松乱，翅膀下垂，冠髯、可视黏膜及腿脚苍白，生长发育缓慢，存在下痢和便秘现象，粪中偶尔会带有血迹。成年鸡一般没有病症，严重感染时会出现腹泻、贫血和产蛋量减少。

3. 疾病防治

鸡转群时，要按照"全进全出"的原则，对鸡舍按时进行打扫和消毒，定期对鸡的活动场地的土壤进行铲动；改善环境卫生，及时将粪便进行批量处理；料草和水槽要定期用沸水消毒；4 月龄内的幼鸡与成年鸡分群饲养，以防止成鸡携带者感染幼鸡；对于已经被污染的放养区域要进行定期驱虫，驱虫药物可以选用驱蛔灵，按每千克体重 0.25 克的比例加入饲料中给鸡服用；或者使用左旋咪唑，按照每千克体重 10～20 毫克的标准溶于水中，通过饮水法使鸡服用；也可以使用丙硫苯咪唑，每千克体重 10 毫克的标准混入饲料中，让鸡服用。

第八章　果园山地散养土鸡经营管理

一、制订养鸡周期和计划

（一）阶段计划

养鸡场在短时间内的阶段性计划。以月为基本单位，将每个月的工作重点与工作目标进行详细规划，如转群、进雏等工作，提前进行统筹安排，尽量做到未雨绸缪，使日常工作顺利进行，做到事无巨细、全面具体。

（二）年度计划

年度计划以年为基本单位来规划鸡场 1 年内需要完成的任务和所要达到的目标，它必须具体明确，具有可行性，数据必须有特定的指标，综合考虑整个养鸡场的所有事务，以作为指导鸡场 1 年的生产与经济活动的纲领。年度计划一般包括基本建设计划、工资计划、物资供应与产品销售计划、成本计划、财务计划、生产计划。

1. 基本建设计划

基本建设计划是指鸡场在该年份内要进行的基础设施建设和规模的计划，是生产与扩大再生产的领头羊，包括基本建设投资和收益的计划。

2. 工资计划

工资计划包括鸡场内部聘用的合同工、临时工、在职员工等人数规划与工资支出的总数预计。计算各个部门所带来的经济效益，制订新的计划。

3. 物资供应与产品销售计划

物资供应计划是保证鸡场基本生产和基础建设顺利完成的物质保证，要提前预计该年份所需要的生产资料的采购与库存量，如饲料、建材等。

产品销售计划是规划全年度每一阶段的产品销售量以及价格变动幅度。

4. 成本计划

成本计划要以节约为原则来制订，这是管理的重要步骤。计划中要以最低成本拟定生产中所需要的费用、各部门的运作成本，降低主要产品的单位成本。还可以拟定成本降低额、降低率和降低成本的主要措施等。

5. 财务计划

财务计划包括财务收支计划、利润计划、流动资金计划、专用资金计划和信贷计划等，它是对鸡场全年所需财务的整体核算，保证鸡场所有资金的合理利用。

6. 生产计划

（1）转群计划：转群计划以"全进全出"为基本原则进行。转群计划需要列出鸡群数目、存栏数、死亡淘汰数和转出数，如果需要更为具体的计划，则还需要列出饲养时间、栏舍数、成活率等指标。

蛋鸡（133～504 日龄）的周转计划表如表 8 - 1 所示：

表 8 - 1　蛋鸡的周转计划表

月份	期初数	转入		死亡数	淘汰数	成活率	总饲养只数	平均饲养只数
		日期	数量					
合计								

雏鸡与育成鸡周转计划表如表8-2所示：

表8-2　雏鸡与育成鸡周转计划表

月份	0～6周龄					7～19周龄				
	期初只数	转入 日期/数量	转出 日期/数量	成活率	平均饲养只数	期初只数	转入 日期/数量	转出 日期/数量	成活率	平均饲养只数
合计										

有了鸡的周转计划才可以制订以后的产品生产计划与饲料计划，周转计划是生产的基本。

（2）产品生产计划：主要包括产蛋计划与产肉计划。产蛋计划要统计出每月产蛋量、产蛋率、蛋重以及鸡场的总产蛋量，然后统计全年的总数；产肉计划主要是计划每月的出栏数、出栏重以及产品合格率。计划的制订要可行，要参考以往的生产资料。

（3）饲料计划：根据生产周转计划，估计各阶段鸡所需要的饲料消耗量。再根据鸡的饲料配方，估计出所需原料的总量，如玉米、豆粕、添加剂等。

（4）药物计划：生态养鸡虽然较室内养鸡而言，得病的概率大大降低，但是始终要将预防疾病的理念放在首位。因此要采购部分疾病的疫苗，以及要采购少量治疗性药物以防万一。药物的采购要根据当地实际情况来规划。

（5）上市销售计划。

二、成本和效益核算

成本和效益核算是养鸡场财务运转的基本与核心，通过对成本与效益的核算才可以准确掌握养鸡场盈亏和利润高低。

（一）成本的核算

1. 成本的核算对象

成本的核算对象包括单个种蛋、每只出生雏鸡、每只育成鸡、每千克鸡蛋、每只肉用仔鸡。

2. 成本核算方法

单个种蛋的核算方法为：统计每只入舍母鸡从进入鸡舍至淘汰这段时间内所用的费用，减去种鸡残值和非种蛋收入后，再除以被出售的种蛋数。其中种鸡生产期间的费用包括种鸡育成费、饲料费、人工费以及设备医药费等。

每只出生雏鸡的成本核算方法为：种蛋费加上孵化种蛋的所有费用，然后减去出售无精蛋和公雏鸡收入之和，最后除以已出售的初生雏鸡数，其中孵化种蛋的费用包括种蛋采购、孵化舍与设备折旧、人工、水电、药物以及销售运输等费用。

每只育成鸡成本核算方法为：每只初生雏鸡成本加上育成期所消耗的生产费用，再加上死亡淘汰等损耗，即为育成鸡的成本。其中育成期所消耗的生产费用包括饲料、人工、鸡舍、设备折旧、水电以及医药设备等费用。

每千克鸡蛋成本核算方法为：每只产蛋母鸡从进入鸡舍到淘汰的所有费用减去产蛋母鸡残值，然后除以母鸡的总产蛋量，即为每千克鸡蛋成本核算方法。

每只肉用仔鸡成本核算方法：每只肉鸡雏鸡成本加上饲养过程消耗的所有费用，加上死亡淘汰的均摊损耗，即为每只出栏肉用仔鸡的成本。

（二）效益核算

效益核算是评估鸡场盈利与否的基本方法，并且通过一定的方法估算鸡场的利润率。鸡场效益的核算可以通过如下指标的计算来进行直观的分析：

1. 产值利润及产值利润率

产值利润是指产品产值减去可变成本与固定成本之和的剩余值，产值利润率是指一个阶段内利润总额与产品的产值之比，计算公式为：

产值利润率（％）＝利润总额/产品产值×100

2. 销售利润及销售利润率

销售利润＝销售总收入－（生产成本＋销售费用＋税金）

销售利润率（％）＝产品销售利润/产品销售收入×100

3. 营业利润及营业利润率

营业利润＝销售利润－（推销费用＋推销管理费用）

其中推销费用包括接待费用、销售人员工资及差旅费、广告宣传费。

营业利润率（％）＝营业利润/产品销售收入×100

4. 经营利润及经营利润率

经营利润＝营业利润±营业外损益

经营利润率（％）＝经营利润/产品销售收入×100

其中营业外损益是指在鸡场的运作过程中，与其运作无直接联系的各种支出和收入，比如罚金、企业内事故损失等。

5. 资金周转率与资金利润率

资金周转率与资金利润率是衡量养鸡场综合盈利能力的重要指标，其中资金周转率与资金利润率计算公式为：

资金周转率（年，％）＝年销售总额/年流动资金总额×100

资金利润率＝资金周转率×销售利润率

三、提高经济效益的方法

（一）提升经营管理水平

1. 正确经营之道

养殖户要根据所有渠道，全方位了解市场行情，在计算出自己可以获得的经济效益的基础上，结合鸡场本身的硬件设施和实力，做出生产规模、饲养方式和生产安排的经营决策。正确的经营之道可以收到较高的经济效益，经营理念影响着养殖的经济效益。

按照市场需要和自身条件，充分发挥内部潜力，充分整合养殖场内部资源，实现合理提高劳动生产率，以实现经济效益飞速提升。养殖户不能只看到眼前的既得利益，还要考虑养殖场的长远发展，立足长远才能在养鸡行业激烈竞争中脱颖而出，正确的经营之道的基本原则是用最小的代价获得最大的利益，占领更为广阔的市场。

养鸡场的管理人员要时刻把握市场的信息，尽可能了解和推测养鸡行业的现状和未来的发展方向，时刻总结某一阶段的市场变动规律。养鸡场的管理人员要善于利用自己总结的市场规律，在养鸡行情好的时候要及时扩大规模生产，提高产品质量，抓住市场，提高养鸡的经济效益，获得消费者口碑，打造品牌。根据经验，由于生态养鸡周期长，从雏鸡的饲养到产品上市需要很长时间，因此在市场高峰期时盲目扩张或者将产品迅速上市是不可取的，养殖户会承担太大的风险。

2. 适当提高员工福利，鼓舞士气

养鸡行业也具有一定的风险，养鸡的工作环境较为艰苦而且需要有责任心的人来担当养殖的基本任务。精干的领导和素质优秀的饲养员是养鸡场获得高效益的保障，是养鸡过程中的有力的"军队"。养殖场一旦发生疫情或者事故，必须在短时间内进行处理，鸡场全体人员都需要加班加点的进行奋战，以免发生更大的危害。养鸡场的拥有者要时刻考虑如何培养一支强有力的队伍，要按照员工的表现相应提高员工福利，以鼓舞士气。

3. 保证适当的生产规模

在条件允许的情况下，养鸡的经济效益随着饲养数量的提升而增加，即养鸡的数量越多获得的经济效益就越大。但是在现有条件下，养殖户必须考虑土地、工作人员能力和管理水平等问题，还要考虑市场的需求，不能随意扩大生产规模，要根据实际情况制定养鸡场的规模和卫生管理制度等。

养殖场的生产计划要周密制订，转群要有序地进行。定时对空闲鸡舍消毒和清洗，尽可能提高鸡舍利用率，不要因为暂时亏损而停止正常的运转。需要重点注意的是在无新母鸡群补充时，可以暂不计算产品的固定成本，而以可变成本为主，维持饲养人员工资、水电支出。还要根据市场的行情变化预测鸡舍的规模。

此外，要充分利用养鸡过程中所产生的副产品，如鸡粪喂猪、喂鱼和提供果树营养等，增加收入来源而不影响鸡的正常养殖。

4. 严格遵守卫生防疫制度

目前，我国的养鸡场的设计都存在一定的诟病，这些问题严重阻碍了养鸡经济效益的提高，这些亟待解决又特别突出的问题有：①办公区和生产区混在一起，这样大大提高了疾病感染的概率，养殖户一定要将办公区、生活区与生产区严格区分以降低疾病感染概率；②粪场位置不对，一般来说粪场应该位于鸡场的下风向处最外围，因为病鸡身上的病原体大部分都可以通过粪便来感染健康鸡只，有效地将粪便控制在下风向处可以避免因空气流通而导致鸡群感染疾病；③消毒池和消毒间不够，管理区与外界环境的连接处要设置消毒间和消毒池，生产区与管理区之间也要设置消毒间，任何人进入鸡场或者生产区都要经过消毒处理；④合理设计鸡场，仅仅依靠兽医等工作人员的努力是不够的，往往需要在鸡场设计初期对疾病的防治进行合理设计，加上全体工作人员的努力，这样才能尽量减少疫病的侵害。

(二) 降低生产成本

1. 降低饲料成本

据统计，一般养鸡场的饲料成本占总成本的70%左右，虽然果园山地散养土鸡是放养，生态环境提供了较为丰富的食物，但是也并不影响饲料成本在总成本中所占的比重。在保证鸡健康生长的前提下，降低饲料的消耗量、减少饲料的浪费是提高饲料利用率、提高养鸡经济效益的重要举措。

在配制饲料时，要根据鸡的生长发育情况和行业标准来配制鸡的饲料配方。饲料配方可以用软件合成，在满足鸡的营养的条件下，首选价格低、饲料转化率高、适口性较好的饲料原料来配制。这样既满足了鸡每天代谢所需要的营养物质，提高了鸡的采食量和饲料转化率，也减少了饲料成本，例如在配制饲料过程中可以利用价格低廉的动植物性蛋白饲料代替价格高昂的鱼粉、豆粕。饲料中还可以添加复合酶制剂、香味剂等物质，可以显著提高饲料转化率。

加强对饲养员的培训，提高饲养员在养鸡方面的专业性和责任心，使其在工作中认真负责，高水平管理。饲养管理水平的提高能在一定程度上促进饲料成本的下降。

2. 节约开支

在保障鸡场工作正常运行的前提下，提高工作人员素质，做到不浪费、不偷懒，节水节电，降低成本。

生产过程中，还有项重要开支便是药品和疫苗。在饲养管理过程中一定要遵守卫生防疫制度，做好免疫工作，降低疾病的发生概率，这样可以有效地降低鸡群的药物使用量；免疫程序的制定要根据当地实际情况，养殖地区经常发生什么疾病就要制定相应的程序，如果该地区没有某项疾病就没有必要引进相应的疫苗；在生产中，鸡群健康状况良好时，投药可以根据情况适当减少，一切以保证鸡群健康和节约成本为原则。

（三）重视科技支撑

科学技术是第一生产力。在拥有了鸡苗和鸡舍等生产资料以后，如何高效地进行生产便依赖于科技这一重要生产力的引导和作用。生态养鸡也要依赖科学技术的指导，掌握了科技的核心，才能从根本上找到提高生产质量和降低成本的方法。

养殖户要利用传统方法来养殖，而且还要通过各种渠道去了解当今世界的科学发展，学习如何降低养鸡各个环节的成本以及如何科学管理，比如饲养环境的科学、科学地配制饲料、制定合理的免疫程序、疾病的有效防治等技术。同时要加强对鸡场周围环境的改造，从鸡场布局、排污、环境控制等方面入手，将各个生产区及管理区区分隔离，给鸡场配置合理的食槽和饮水器等，改善鸡场的避暑保温设施，充分利用鸡的优良基因加强鸡育种工作。

（四）走产业化发展道路

要降低生态养鸡的市场风险，不能依靠单个养殖户去承担。小规模的养殖已经不适应当代农业发展的需要，更难以在竞争如此大的市场中立足。要想将生态养鸡做大做强必须依赖有实力的企业为龙头，将生产、供应、销售等步骤整合在一起，形成一条流水线般的产业链，再引入现代科技的手段和科学的管理方法，将农业生产与经营重组，形成产供销一条龙。

要走产业化的道路就必须摒弃以前的小规模生产方式，要使生产方式分工更为明细，市场分工也更为明细，各司其职。一条完整运作的产业链，各个环节需相互关联，缺一不可，要避免交叉和重复设置，分工明细专门化。

在生产的产业链中，每个环节都无比重要，在所有环节都要进行合理的调控、分配资源和工作人员，让各个环节能有序地运行，各司其职才能保证整个产业链正常转动，这样才能从根本上保证果园山地散养土鸡走上产业化良性循环道路。

（五）循环利用资源

要充分利用鸡的废弃物，将鸡的粪便进行处理后可以产生甲烷气体，甲烷气体是可以燃烧的气体，产物为二氧化碳和水，燃烧后可以供电。或者鸡粪发酵后可以饲喂鸡或者鱼等动物，只要在没有疫病的情况下，都可以将鸡的排泄物变废为宝，循环利用。

鸡屠宰后剩下的内脏、鸡头等都是丰富的营养品，经过加工后可以做成熟食，或者出售至市场满足不同消费群体的需要。屠宰后剩下的羽毛可以做成羽绒制品，或者制成饲料。

四、生态养殖，生产无公害、绿色产品

（一）优质鸡蛋的生产

1. 鸡蛋的初步加工

新鲜鸡蛋的上市过程按流程分为集蛋、送入鸡蛋处理车间、商品蛋贮存库、运输、上市销售等过程。上市之前尤其以加工过程最为重要，是优质鸡蛋上市的基础，现在将主要步骤分述如下：

（1）集蛋：将母鸡所产的鸡蛋通过人工收集转运至集蛋间，然后再送入蛋处理间。

（2）洗蛋：蛋在转运过程中有可能会沾有污染物，所以需要送入洗涤室内洗涤。洗涤方法可以采用溶有去垢剂的47℃温水洗净鸡蛋，然后用清水冲洗一遍。

（3）照检：用照检灯检查蛋壳是否含有破纹，观察鸡蛋内部的品质。

（4）分级：在通过照检灯检测后，根据重量等级将鸡蛋分成不同等级。

（5）涂油：装箱前可以在蛋壳上涂一层矿物油，提高鸡蛋的贮藏时间。

（6）装箱：按照鸡蛋等级和一定数量将鸡蛋包装好，然后标明产蛋日期。

（7）销售：将生态鸡的鸡蛋处理后送入市场，保证鸡蛋的新鲜程度和优质程度。

2. 鸡蛋药物残留处理

生态养鸡虽然比室内养鸡使用的药物相对较少，但是养鸡过程中无可避免地会使用药物。所以如何处理鸡蛋内的药物残留而保证

鸡蛋的优质性也是生态养鸡过程中的一大重要议题。

药物残留主要来自养鸡过程中的用药，如抗生素或者磺胺类药物等的使用。在自然环境中，尤其是果园中人们对果树喷洒农药也会使农药进入鸡体内部导致鸡蛋有部分农药残留。在对家禽使用了药物后，休药期所产生的鸡蛋不能销售至市场，否则会对消费者身心健康带来极大的负面影响；同时在果园山地喷洒农药后不能放养鸡，避免受到农药影响。养鸡场地要远离采矿区、工业区，避免重金属污染。

（二）优质肉鸡生产

肉鸡的生产近年来得到了迅猛发展，但是迅速发展的同时也存在很多质量问题。质量安全直接影响了鸡肉的销量，肉鸡的质量是销量的基础与核心。只有保证鸡肉绿色无污染才能使生态养鸡在消费者中获得良好的口碑和信誉。

1. 鸡肉必须符合标准

生态养鸡所生产的鸡肉来源必须是健康的肉鸡，不能用病鸡代替。鸡的饲养过程要符合中华人民共和国农业行业标准 NY5035、NY5036、NY5037 和 NY/T5038，鸡屠宰前要符合中华人民共和国农业行业标准 NY467，检疫合格后再进行加工。鸡的加工所添加的物品不应该含有任何人工合成的防腐剂、添加剂和色素等。鸡肉的理化指标与微生物指标可参照中华人民共和国农业行业标准 NY5034。

2. 肉鸡的合理用药

肉鸡饲养过程中药物与添加剂的使用要严格按照中华人民共和国农业行业标准 NY5035 要求进行。肉禽生产过程中禁止使用的药物有：克球粉、尼卡巴嗪、螺旋霉素、灭霍灵、喹乙醇、甲砜霉素、恶喹酸、氨丙啉、磺胺喹恶啉钠、磺胺二甲基嘧啶、磺胺嘧啶、磺胺间甲胺嘧啶、球虫宁、甲酚、苯酚以及人工合成激素等。

五、养鸡废弃物的处理

现在提倡建设"两型社会"，人们开始重视环境保护与污染问题，生态养鸡在具有一定规模的程度上也会形成各种有害的废弃物。因此，对废弃物的处理也是非常重要的一部分。如何对废弃物进行适当处理，使其对鸡场内外的环境都不造成危害，又能适当地变废为宝，这是生态养鸡必须妥善解决的重要任务。

（一）养鸡产生废物的种类

生态养鸡会引起周围空气含有异味，夹杂着粉尘和灰尘，同时鸡群较大所产生的噪声也是对环境的一大污染。生产管理不当，所产生的昆虫、病菌等也会对环境造成较大危害，必须严加防范与管理。养鸡过程中所产生的废水、粪便、孵化废弃物和尸体也是重要的污染源。

（二）孵化废弃物的处理

孵化废弃物包括死胚、毛蛋、蛋壳和无精蛋等，在热天这些废弃物处理不当会引起病菌滋生，也非常容易招惹成群的苍蝇。未受精蛋可以制成加工食品，而死胚、毛蛋等废弃物可以制成干粉作为蛋白质饲料。蛋壳粉是具有少量蛋白的钙饲料，使用前需高温灭菌。如果没有条件进行深层次处理，可以将废弃物迅速掩埋。

（三）鸡粪的处理

1. 鸡粪的收集

（1）干粪收集：高床鸡舍一般有干粪收集系统，在鸡群淘汰或者转群时一次性将粪便清除。由于鸡舍内部的强制通风，优先配置了来回移动的钉耙状的松粪机，可以使粪便较为干燥。这种处理可以防止水污染、消除轻度的污染、节省劳动力，但是只能处理少量的鸡粪便。

（2）稀粪收集：通过水冲洗后，粪便进入粪沟后，水分含量较高，这类都属于稀粪收集系统。稀粪可以通过管道或者抽送设备大规模处理，只需要较少的劳动力，而且稍加处理排入山地或者果园给植物施肥可以带来附带效益。但是排出后的臭味是比较棘手的问题，还可能污染地下水源。

2. 鸡粪的利用

新鲜鸡粪中的氮、磷、钾的含量充足，但是氮在鸡粪中的形式是以尿酸为主，不能被作物直接吸收利用，还会对植物的根系发育产生阻碍。

由于尿酸的存在，即使鸡粪可以直接撒入农田，但是用量也不能太多。一般可以将新鲜鸡粪经过堆肥或者干燥处理之后当作肥料用于植物施肥。干燥鸡粪中所含的粗蛋白、无氮浸出物及粗纤维的含量都很高。研究表明，鸡粪干燥后可以用来饲喂牛、羊等反刍动物。

（四）污水处理

生态养鸡过程中，每天都会产生大量的污水。如果对这些污水放任不管，则会引起地下水污染和臭气熏天，必须加以处理。

1. 沉淀

研究表明，含有 10％～33％ 鸡粪的污水，在静置 24 小时后，大部分的固形物会沉淀下来。某些大型鸡场将污水进行两级沉淀后，水质变得清澈无污染，可以灌溉农田和果园。

2. 过滤

一般过滤都可以利用生物过滤塔，生物过滤塔是依靠过滤物质附着在过滤器表面形成膜，当污水通过的时候，将污水中的污染物进行分解达到清洁污水的目的。污水经过处理后，有机物被分解，水质污染低，可以循环利用。

附　　录

中华人民共和国行业标准——鸡的饲养标准（NY/T33－2004）

附表1　蛋鸡生长需要

营养指标	单　位	0~8周龄	9~18周龄	19周龄至开产
代谢能	MJ/kg	11.91（2.85）	11.70（2.80）	11.50（2.75）
粗蛋白质CP	％	19.0	15.5	17.0
蛋白能量比CP/ME	g/MJ	15.95（66.67）	13.25（55.30）	14.78（61.82）
赖氨酸能量比LYS/ME	g/MJ	0.84（3.51）	0.58（2.43）	0.61（2.55）
赖氨酸	％	1.00	0.68	0.70
蛋氨酸	％	0.37	0.27	0.34
蛋氨酸＋胱氨酸	％	0.74	0.55	0.64
苏氨酸	％	0.66	0.55	0.62
色氨酸	％	0.20	0.18	0.19
精氨酸	％	1.18	0.98	1.02
亮氨酸	％	1.27	1.01	1.07
异亮氨酸	％	0.71	0.59	0.60

续表1

营养指标	单　位	0～8周龄	9～18周龄	19周龄至开产
苯丙氨酸	%	0.64	0.53	0.54
苯丙氨酸＋酪氨酸	%	1.18	0.98	1.00
组氨酸	%	0.31	0.26	1.00
脯氨酸	%	0.50	0.34	0.44
缬氨酸	%	0.73	0.60	0.62
甘氨酸＋丝氨酸	%	0.82	0.68	0.71
钙	%	0.90	0.80	2.00
总磷	%	0.70	0.60	0.55
非植酸磷	%	0.40	0.35	0.32
钠	%	0.15	0.15	0.15
氯	%	0.15	0.15	0.15
铁	mg/kg	80	60	60
铜	mg/kg	8	6	8
锌	mg/kg	60	40	80
锰	mg/kg	60	40	60
碘	mg/kg	0.35	0.35	0.35
硒	mg/kg	0.30	0.30	0.30
亚油酸	%	1	1	1
维生素A	IU/kg	4000	4000	4000

续表 2

营养指标	单　位	0～8 周龄	9～18 周龄	19 周龄至开产
维生素 D	IU/kg	800	800	800
维生素 E	IU/kg	10	8	8
维生素 K	mg/kg	0.5	0.5	0.5
硫胺素	mg/kg	1.8	1.3	1.3
维生素 B_2	mg/kg	3.6	1.8	2.2
泛酸	mg/kg	10	10	10
烟酸	mg/kg	30	11	
吡哆醇	mg/kg	3	3	3
生物素	mg/kg	0.15	0.10	0.10
叶酸	mg/kg	0.55	0.25	0.25
维生素 B_{12}	mg/kg	0.010	0.003	0.004
胆碱	mg/kg	1300	900	500

注：根据中型体重鸡制定，轻型鸡可酌情减少 10%，开产日龄按 5% 产蛋率计算

附表 2　产蛋鸡营养需要

营养指标	单　位	开产至高峰期（>85%）	高峰期后（<85%）	种　鸡
代谢能	MJ/kg	11.29（2.70）	10.87（2.65）	11.29（2.70）
粗蛋白质 CP	%	16.5	15.5	18.0
蛋白能量比 CP/ME	g/MJ	14.61（61.11）	14.26（58.49）	15.94（66.67）
赖氨酸能量比 LYS/ME	g/MJ	0.64（2.67）	0.61（2.54）	0.63（2.63）
赖氨酸	%	0.75	0.70	0.75
蛋氨酸	%	0.34	0.32	0.34
蛋氨酸＋胱氨酸	%	0.65	0.56	0.65
苏氨酸	%	0.55	0.50	0.55
色氨酸	%	0.16	0.15	0.16
精氨酸	%	0.76	0.69	0.76
亮氨酸	%	1.02	0.98	1.02
异亮氨酸	%	0.72	0.66	0.72
苯丙氨酸	%	0.58	0.52	0.58
苯丙氨酸＋酪氨酸	%	1.08	1.06	1.08
组氨酸	%	0.25	0.23	0.25
缬氨酸	%	0.59	0.54	0.59

续表1

营养指标	单 位	开产至高峰期 (>85%)	高峰期后 (<85%)	种 鸡
甘氨酸+丝氨酸	%	0.57	0.48	0.57
可利用赖氨酸	%	0.66	0.60	—
可利用蛋氨酸	%	0.32	0.30	—
钙	%	3.5	3.5	3.5
总磷	%	0.60	0.60	0.60
非植酸磷	%	0.32	0.32	0.32
钠	%	0.15	0.15	0.15
氯	%	0.15	0.15	0.15
铁	mg/kg	60	60	60
铜	mg/kg	8	8	6
锌	mg/kg	80	80	60
锰	mg/kg	60	60	60
碘	mg/kg	0.35	0.35	0.35
硒	mg/kg	0.30	0.30	0.30
亚油酸	%	1	1	1
维生素 A	IU/kg	8000	8000	10000
维生素 D	IU/kg	1600	1600	2000
维生素 E	IU/kg	5	5	10

续表2

营养指标	单　位	开产至高峰期 （＞85％）	高峰期后 （＜85％）	种　鸡
维生素 K	mg/kg	0.5	0.5	1.0
硫胺素	mg/kg	0.8	0.8	0.8
维生素 B_2	mg/kg	2.5	2.5	3.8
泛酸	mg/kg	2.2	2.2	10
烟酸	mg/kg	20	20	30
吡哆醇	mg/kg	3.0	3.0	4.5
生物素	mg/kg	0.10	0.10	0.15
叶酸	mg/kg	0.25	0.25	0.35
维生素 B_{12}	mg/kg	0.004	0.004	0.004
胆碱	mg/kg	500	500	500

附表 3　肉用仔鸡营养需要（一）

营养指标	单　位	0～3 周龄	4～6 周龄	7 周龄
代谢能	MJ/kg	12.54 (3.00)	12.96 (3.10)	13.17 (3.15)
粗蛋白质 CP	%	21.5	20.0	18.0
蛋白能量比 CP/ME	g/MJ	17.14 (71.67)	15.43 (64.52)	13.67 (57.14)
赖氨酸能量比 LYS/ME	g/MJ	0.92 (3.83)	0.77 (3.23)	0.67 (2.81)
赖氨酸	%	1.15	1.00	0.87
蛋氨酸	%	0.50	0.40	0.34
蛋氨酸＋胱氨酸	%	0.91	0.76	0.65
苏氨酸	%	0.81	0.72	0.68
色氨酸	%	0.21	0.18	0.17
精氨酸	%	1.20	1.12	1.01
亮氨酸	%	1.26	1.05	0.94
异亮氨酸	%	0.81	0.75	0.63
苯丙氨酸	%	0.71	0.66	0.58
苯丙氨酸＋酪氨酸	%	1.27	1.15	1.00
组氨酸	%	0.35	0.32	0.27
脯氨酸	%	0.58	0.54	0.47
缬氨酸	%	0.85	0.74	0.64

续表1

营养指标	单　位	0～3周龄	4～6周龄	7周龄
甘氨酸＋丝氨酸	％	1.24	1.10	0.96
钙	％	1.0	0.9	0.8
总磷	％	0.68	0.65	0.60
非植酸磷	％	0.45	0.40	0.35
钠	％	0.20	0.15	0.15
氯	％	0.20	0.15	0.15
铁	mg/kg	100	80	80
铜	mg/kg	8	8	8
锌	mg/kg	100	80	80
锰	mg/kg	120	100	80
碘	mg/kg	0.70	0.70	0.70
硒	mg/kg	0.30	0.30	0.30
亚油酸	％	1	1	1
维生素A	IU/kg	8000	6000	2700
维生素D	IU/kg	1000	750	400
维生素E	IU/kg	20	10	10
维生素K	mg/kg	0.5	0.5	0.5
硫胺素	mg/kg	2.0	2.0	2.0
维生素B$_2$	mg/kg	8	5	5
泛酸	mg/kg	8	5	5

续表2

营养指标	单　位	0～3周龄	4～6周龄	7周龄
烟酸	mg/kg	35	30	30
吡哆醇	mg/kg	3.5	3.0	3.0
生物素	mg/kg	0.18	0.15	0.10
叶酸	mg/kg	0.55	0.55	0.50
维生素 B_{12}	mg/kg	0.010	0.010	0.007
胆碱	mg/kg	1300	1000	750

附表 4　肉用仔鸡营养需要（二）

营养指标	单　位	0～2 周龄	3～6 周龄	7 周龄
代谢能	MJ/kg	12.75（3.05）	12.96（3.10）	13.17（3.15）
粗蛋白质 CP	%	22.0	20.0	17.0
蛋白能量比 CP/ME	g/MJ	17.25（72.13）	15.43（64.52）	12.91（53.97）
赖氨酸能量比 LYS/ME	g/MJ	0.88（3.67）	0.77（3.23）	0.62（2.60）
赖氨酸	%	1.20	1.00	0.82
蛋氨酸	%	0.52	0.40	0.32
蛋氨酸＋胱氨酸	%	0.92	0.76	0.63
苏氨酸	%	0.84	0.72	0.64
色氨酸	%	0.21	0.18	0.16
精氨酸	%	1.25	1.12	0.95
亮氨酸	%	1.32	1.05	0.89
异亮氨酸	%	0.84	0.75	0.59
苯丙氨酸	%	0.74	0.66	0.55
苯丙氨酸＋酪氨酸	%	1.32	1.15	0.98
组氨酸	%	0.36	0.32	0.25
脯氨酸	%	0.60	0.54	0.44
缬氨酸	%	0.90	0.74	0.72

续表1

营养指标	单　位	0～2周龄	3～6周龄	7周龄
甘氨酸＋丝氨酸	%	1.30	1.10	0.93
钙	%	1.05	0.95	0.80
总磷	%	0.68	0.65	0.60
非植酸磷	%	0.50	0.40	0.35
钠	%	0.20	0.15	0.15
氯	%	0.20	0.15	0.15
铁	mg/kg	120	80	80
铜	mg/kg	10	8	8
锌	mg/kg	120	80	80
锰	mg/kg	120	100	90
碘	mg/kg	0.70	0.70	0.70
硒	mg/kg	0.30	0.30	0.30
亚油酸	%	1	1	1
维生素A	IU/kg	10000	6000	2700
维生素D	IU/kg	2000	1000	400
维生素E	IU/kg	30	10	10
维生素K	mg/kg	1.0	0.5	0.5
硫胺素	mg/kg	2	2	2
维生素B_2	mg/kg	10	5	5
泛酸	mg/kg	10	10	10

续表 2

营养指标	单　　位	0～2 周龄	3～6 周龄	7 周龄
烟酸	mg/kg	45	30	30
吡哆醇	mg/kg	4.0	3.0	3.0
生物素	mg/kg	0.20	0.15	0.10
叶酸	mg/kg	1.00	0.55	0.50
维生素 B_{12}	mg/kg	0.010	0.010	0.007
胆碱	mg/kg	1500	1200	750

附表 5　肉用鸡营养需要

营养指标	单　位	0～6周龄	7～18周龄	19周龄至开产	开产至高峰期	高峰期后
代谢能	MJ/kg	12.12 (2.90)	11.91 (2.85)	11.70 (2.80)	11.70 (2.80)	11.70 (2.80)
粗蛋白质 CP	％	18.0	15.0	16.0	17.0	16.0
蛋白能量比 CP/ME	g/MJ	14.85 (62.07)	12.59 (52.63)	13.68 (57.14)	14.53 (60.71)	13.68 (57.14)
赖氨酸能量比 LYS/ME	g/MJ	0.76 (62.07)	12.59 (52.63)	13.68 (57.14)	14.53 (60.71)	13.68 (57.14)
赖氨酸	％	0.92	0.65	0.75	0.80	0.75
蛋氨酸	％	0.34	0.30	0.32	0.34	0.30
蛋氨酸＋胱氨酸	％	0.72	0.56	0.62	0.64	0.60
苏氨酸	％	0.52	0.48	0.50	0.55	0.50
色氨酸	％	0.20	0.17	0.16	0.17	0.16
精氨酸	％	0.90	0.75	0.90	0.90	0.88
亮氨酸	％	1.05	0.81	0.86	0.86	0.81
异亮氨酸	％	0.66	0.58	0.58	0.58	0.58
苯丙氨酸	％	0.52	0.39	0.42	0.51	0.48

续表1

营养指标	单 位	0～6周龄	7～18周龄	19周龄至开产	开产至高峰期	高峰期后
苯丙氨酸＋酪氨酸	％	1.00	0.77	0.82	0.85	0.80
组氨酸	％	0.26	0.21	0.22	0.24	0.21
脯氨酸	％	0.50	0.41	0.44	0.45	0.42
缬氨酸	％	0.62	0.47	0.50	0.66	0.51
甘氨酸＋丝氨酸	％	0.70	0.53	0.56	0.57	0.54
钙	％	1.00	0.53	0.56	0.57	0.54
总磷	％	0.68	0.65	0.65	0.68	0.65
非植酸磷	％	0.45	0.40	0.42	0.45	0.42
钠	％	0.18	0.18	0.18	0.18	0.18
氯	％	0.18	0.18	0.18	0.18	0.18
铁	mg/kg	60	60	80	80	80
铜	mg/kg	6	6	8	8	8
锌	mg/kg	60	60	80	80	80
锰	mg/kg	80	80	100	100	100
碘	mg/kg	0.70	0.70	1.00	1.00	1.00
硒	mg/kg	0.30	0.30	0.30	0.30	0.30
亚油酸	％	1	1	1	1	1
维生素A	IU/kg	8000	6000	9000	12000	12000

续表 2

营养指标	单　位	0～6周龄	7～18周龄	19周龄至开产	开产至高峰期	高峰期后
维生素 D	IU/kg	1600	1200	1800	2400	2400
维生素 E	IU/kg	20	10	10	30	30
维生素 K	mg/kg	1.5	1.5	1.5	1.5	1.5
硫胺素	mg/kg	1.8	1.5	1.5	1.5	1.5
维生素 B_2	mg/kg	8	6	6	9	9
泛酸	mg/kg	12	10	10	12	12
烟酸	mg/kg	30	20	20	35	35
吡哆醇	mg/kg	3.0	3.0	3.0	4.5	4.5
生物素	mg/kg	0.15	0.10	0.10	0.20	0.20
叶酸	mg/kg	1.0	0.5	0.5	1.2	1.2
维生素 B_{12}	mg/kg	0.010	0.006	0.008	0.012	0.012
胆碱	mg/kg	1300	900	500	500	500

注：由于生态养鸡一般都不选择快大型鸡作为养殖对象，所以对于黄羽鸡的营养标准不予以列出。

参考文献

[1] 陈辉，黄仁录. 山场养鸡关键技术 [M]. 北京：金盾出版社，2010：40-55.

[2] 樊新忠. 土杂鸡养殖技术 [M]. 北京：金盾出版社，2003：24-38.

[3] 张农，刘旭. 土法高效养鸡技术 [M]. 北京：中国农业出版社，1995：1-11.

[4] 张世卿. 绿色生态养鸡 [M]. 长春：吉林大学出版社，2008：187-214.

[5] 陈宗刚，李志和. 果园山林散养土鸡 [M]. 北京：科学技术文献出版社，2005：74-90.

[6] 尹兆正，李肖梁. 优质土鸡养殖技术 [M]. 北京：中国农业大学出版社，2002：142-147.

[7] 刘益平. 果园林地生态养鸡技术 [M]. 北京：金盾出版社，2012：253-284.

[8] 陈辉，黄仁录，商同华，等. 生态山场养鸡技术 [J]. 畜牧与兽医，2006（06）：33-34.

[9] 刘丽，万德顺. 农村庭院适度规模养鸡技术 [J]. 贵州畜牧兽医，2001，25（01）：38.

[10] 周必勇. 山地果园改造中生态技术措施应用探讨 [J]. 现代农业科技，2009（06）：81-83.

[11] 杜海梅. 浅析鸡场设计的特殊要求 [J]. 山西建筑，2003，29（03）：11-12.

[12] 赵云焕. 农村规模化养殖的鸡场建设及设计 [J]. 农学学

报，2009（09）：63-68.

　[13] 于长春. 果园养鸡简易鸡舍的建造方法 [J]. 养禽与禽病防治，2010（11）：12-13.

　[14] 杨东明. 关于农村养鸡设备问题的建议 [J]. 黑龙江畜牧兽医，1985（05）：15-16.

　[15] 陈宽维，孙永进. 优质肉鸡配套的现状及其展望 [J]. 中国禽业导刊，1997（11）：7-9.

　[16] 王克华，窦套存，曲亮，等. 优质鸡选育方案研究 [J]. 中国家禽，2012，34（01）：7-10.

图书在版编目（ＣＩＰ）数据

果园山地散养土鸡 / 张彬，何俊主编. -- 修订版. -- 长沙 ： 湖南科学技术出版社,2020.5

（现代生态养殖系列丛书）

ISBN 978-7-5710-0368-5

Ⅰ. ①果… Ⅱ. ①张… ②何… Ⅲ. ①鸡－饲养管理 Ⅳ. ①S831.4

中国版本图书馆 CIP 数据核字(2019)第 251771 号

现代生态养殖系列丛书

GUOYUAN SHANDI SANYANG TUJI

果园山地散养土鸡　修订版

主　　编：张　彬　何　俊
责任编辑：李　丹
出版发行：湖南科学技术出版社
社　　址：长沙市湘雅路 276 号
　　　　　http://www.hnstp.com
印　　刷：长沙市宏发印刷有限公司
　　　　　（印装质量问题请直接与本厂联系）
厂　　址：长沙市开福区捞刀河大星村 343 号
邮　　编：410000
版　　次：2020 年 5 月第 1 版
印　　次：2020 年 5 月第 1 次印刷
开　　本：880mm×1230mm　1/32
印　　张：6
字　　数：173000
书　　号：ISBN 978-7-5710-0368-5
定　　价：28.00 元